人生如棋

不得貪勝

不得贪胜

【韩】李昌镐 著

许丽 译

化学工业出版社

·北京·

图书在版编目（CIP）数据

不得贪胜/［韩］李昌镐著；许丽译. —北京：化学工业出版社，2012. 6（2024. 8重印）

ISBN 978-7-122-14483-6

Ⅰ. ①不… Ⅱ. ①李…②许… Ⅲ. ①成功心理-通俗读物②李昌镐-自传 Ⅳ. ①B848. 4-49②K833. 126. 547

中国版本图书馆CIP数据核字（2012）第124041号

이창호의 부득탐승
ISBN 978-89-6260-281-4

责任编辑：史　懿　　装帧设计：尹琳琳
责任校对：王素芹

出版发行：化学工业出版社（北京市东城区青年湖南街13号　邮政编码100011）
印　　装：中煤（北京）印务有限公司
680mm × 950mm　1/16　印张16　彩插4　字数157千字
2024年8月北京第1版第9次印刷

购书咨询：010-64518888　　售后服务：010-64518899
网　　址：http://www.cip.com.cn
凡购买本书，如有缺损质量问题，本社销售中心负责调换。

定　　价：58. 00元　

序言

1997年7月，我与李昌镐在首届中韩天元对抗赛中首次相遇，从此开始了至今长达十五年的棋坛争斗。我与李昌镐年龄仅相差一岁，是新一代棋手中年龄相近的两个人，同时又保有各自国家的“天元”称号，棋风都偏稳健，喜爱实地，很自然地，我们成为了棋坛好友。

欣闻李昌镐《不得贪胜》一书要出版，作为好友的我，自然是十分欢喜，欣然应邀作序。当我看到书稿全貌，看到浓墨书写的《不得贪胜》的书名，便感觉此书必能带给大家一个完全的李昌镐。在一口气读完本书之后，更感觉到此书无论从内容还是文风来说，都处处体现了李昌镐的处事风格。“不得贪胜”即是对李昌镐近三十年行棋、做人的最好体现。

在十五年的交手过程中，李昌镐始终保持着厚实、均衡的棋风。李昌镐的棋看上去很“淡”，朴实无华、大巧若拙，每一步都恪守“不得贪胜”的行棋原则，看上去略显吃亏、迟缓乃至笨拙的棋，在关键时刻却往往能够发挥巨大作用。在其巅峰时期，行棋很少出错，但只要对手稍有失误，便会遭到他的致命一击。

作为当代棋坛的顶级棋士之一，面对各种比赛，虽然内心充满了对胜利的渴望，但无论对手如何出招，是挑衅或是诱惑，他总能用强大的心理控制住自己的冲动，始终按照自己的思维和方针行棋。如果局面有利，他会用最简洁、最稳妥的方法行棋，纵然对手攻击力超群，在他闪转腾挪、谨慎出击的行棋方式下，也很难有用武之地；如果局面不利，他也能够不急不躁，利用后半盘的精准计算蚕食对方，以至于在李昌镐手中下出的前半盘落后，但后半盘反超并以半目胜出的棋局比比皆是。

说到这里，我不禁想起1998年第十一届富士通杯决赛。当时我的形势领先于李昌镐，我的老师聂卫平在央视直播讲解中，已经提前预判我的胜利，但最终我却因官子的疏漏遗憾地输掉了整盘棋。而十年之后的富士通杯，我极其渴望再次与李昌镐在决赛中对决，以我今日之实力来报十年前的“一箭之仇”。但正是这种“贪胜”之心的作祟，在通往决赛的路上，我发挥失常，中盘即败给了古力，失去了一个践行与李昌镐十年之约的机会。

人生很多遗憾总是无法弥补的，过去了也不再回来。而经历了大大小小数百场无言的“战斗”后，“不得贪胜”这四字棋谚，却更深入我心。

围棋是一个缩小了的人生，在行棋过程中所蕴含的哲理，亦是人生的哲理。“不得贪胜”并不只体现在围棋这个领域中，它更是一种具有人生指导意义的胜负哲学。在人生的漫长旅程中，试着以“不得贪胜”的心态来应对人生中的多种压力与挑战，会给你带来意想不到的感悟和收获。秉执“不得贪胜”的理念，面对“胜负之争”，会使你的心态更为平和，行事更为稳重，虽不“贪胜”，而“胜利”却更有可能如水到渠成般地自然而来。这句来自中国古代先哲的棋谚，千百年来影响了一代又一代人，并已在世界上的其他地区开花结果。为此，作为中国人我备感自豪，同时也祝愿更多棋坛之外的朋友，也能够领悟“不得贪胜”的玄妙哲理，并将其发扬光大。

前年，李昌镐迈出了人生中的重要一步——结了婚，并且和我一样有了一个可爱的女儿。我们彼此都走上了全新的道路，更多的胜负在等待着我们。未来，我们会保持一颗“不得贪胜”的心，去迎接更大的成功。

常昊

2012年7月于北京

前言

我是李昌镐

大家好，我是李昌镐，出生于1975年7月，韩国全罗北道的全州是我的故乡。

在三十多年前的一天，我的母亲正在往饭桌上摆放一家人的可口饭菜，一连串几近惯性的熟练工序后，她掀开锅盖，可是哪有什么饭菜？只见一条蟒蛇蜷曲着如同一盘粗线圈安安稳稳地趴在锅里。母亲被吓得浑身颤抖，直往后退，结果一脚蹬空，从睡梦中惊醒过来。这个搅扰母亲睡眠的梦预示了一个生命的孕育，那就是我。可是母亲梦到的不是飞天的龙，也不是修炼千年的蛇精，只不过是条再平凡不过的蟒蛇，而这个也就是我的胎梦了。

儿时的我是个再普通不过的孩子，唯一可以拿出来说的就是：我曾经参加过奶粉公司举办的“全国优秀儿童选拔大赛”。在这个大赛上，我得奖了，不过这充其量能够证明我是一个足够健康的孩子，并没有赋予我任何别的色彩。然而，当时间的河水流至1981年，我走进了“围棋”这个全新的世界，而正是与围棋的相遇，使我的人生开始踏上变化的波涛，激流向前。

1984年8月，对我来说这是一个值得纪念的时间点，因为韩国当代最优秀的围棋斗士——曹薰铉九段收我为徒了，从此我们二人结下深厚的师徒情缘。而两年后，也就是1986年7月，我一脚踏过职业级别的门槛，迈进了职业棋手的行列。1989年，我作为有记录以来最年少的棋手赢得了国内比赛的最高头衔。1990年，我再次进入了围棋头衔争夺战的厮杀中，而这次的对手，正是我最为尊敬的，同时又是韩国围棋界内最巅峰的棋手——我的恩师。一番苦斗过后，我获胜了。接下来的情况大家应该不陌生了。1992年，我成为最年轻的世界围棋比赛冠军。1995年，通过105名国会议员联名推荐，我被冠以公益贡献者的美誉，获得了免除兵役的殊荣。可以说盛名之下，其实难副，非常惭愧。我通过围棋有了一些名气，在那段时间里，围棋的发源地——中国和掌控现代围棋版图的日本都在韩国围棋面前败下阵来。如果说我作为终生浸淫于围棋的一个渺小的个体，曾经对这个广大的世界和伟大的祖国做出过一点贡献的话，那么我想，以上这些就是全部了。

时光的河流永不停息，倏忽而过，转眼，今年已是2011年，我也36岁了。在将近三十年的时间里，我无暇喘息，一刻不停、一步不放松地跋涉在围棋这条路上。人们习惯把那些将所有精力都放在读书上，对周围事物一概不闻不问的傻乎乎的人戏称为“书痴”。而我除了围棋之外，别的东西也是一概不知，这样的话，我大概可以被称为“棋痴”了。

在“围棋”这条路上前行，那些带着“最早”、“最强”、“最高”等夸张修饰语的名誉，以及众人对我的关心和期待如雪花般纷纷向我投来。当然，伴随而来的还有我通过这些得到的物质乃至精神上的种种实惠。可我想说的是，这些并不是最重要的。能够有机会做自己喜欢做，并且能够做得好的事情，这本身才是最高的封赏，对此，我的内心充满感激，真的深深感谢那些流淌过的岁月。

最近几年我的事业进入了瓶颈期，有的人看到我那委靡的布阵气势，摇摇头说：“李昌镐已经走过了事业的顶峰，开始走下坡路了。”对此，我不置可否。我只想在这里做个假设，如果我的职业是个推销员，那么在36岁这个年纪，肯定会听到许多人叫我“年轻人”。然而围棋不是销售，在这个要不断角逐胜负的世界，青春岁月更如白驹过隙，二十几岁精神和身体的顶峰时期会转瞬即逝，这确实是让人无可奈何。但是，作为一个平日端坐在围棋盘前面，投入大量时间研究战术，不时陷入长考①的棋手，在面对人们的质疑时，我想在此回应一句，那就是：我人生的大局②现在正进入转折点。从儿时便谙熟“不得贪胜”的棋谚，此时在我脑海中变得深刻了起来。

我坚信：胜负并不是围棋的全部，在超越胜负的上一层，蕴藏着至高无上的价值。在这种价值观的指引下，我开始思考着：如何通过自己能够做到的，哪怕只是一小步的实践来促进围棋这项运动的大众化。现在围棋普及的形势并不容乐观。围棋的特点决定了下围棋需要很多时间和深刻的思考，而这是现在的孩子们所不能忍受的，他们更喜欢有直接感官刺激的电脑游戏。所以围棋的冷板凳有越坐越冷的趋势。然而我们仍有希望，希望的火星也不断在闪耀，比如在以欧洲为代表的其他文化圈，围棋热正在逐步高涨。

围棋是人生的缩影，围棋是凝结的宇宙。围棋给予孩子们和成年人一样的权利：虽然我是小孩子，但是让我们在棋盘上平等地较量一番吧。围棋是纯智力的运动，如果你想在成人礼到来之前充分地开发智力，那么像学习围棋这般富有成效的方式是不可多得的。不仅如此，

---

① 长考：棋牌术语。经长时间思索才下一招棋，称为“长考”。现代比赛一般均有时间限制，大致一招棋考虑二三十分钟以上，就可称为“长考”。

② 围棋中指比赛胜负的总体局势，也指围棋胜负本身。

围棋更是一种可以让练习者不断磨炼心性、增强耐性、提升修养的最佳处方。

去年，我幸运地遇到了人生的另一半，然后我结婚了，组建了家庭，成为了一家之长。再之后我自然而然地，开始想到了自己未来的孩子们。我想把围棋的故事讲给自己的孩子听，也想讲给世上所有的孩子听，我想让这本书能够成为父母为孩子轻声朗读的卷卷书册中的一部分。为此我利用近似于围棋比赛中读秒①般的短暂间隙，站在人生的转折点上步步回望，点点记录我作为棋手的生活。记忆的片段粗糙生硬并且不连贯，而多亏以CYBERORO网站的孙忠秀常务为代表的诸位的帮助，这些类似碎片的东西才得以再次连接组合，成为光滑的绸缎。在这里，我向为此书付出汗水的各位表示衷心的感谢。

李昌镐

2011年8月

① 棋类比赛的一种计时方法，由裁判员在规定的时间点上口头报出棋手走一步棋所使用的时间。

目录

第二章 拼搏 /053

第三章 腾飞 /093

引　言

人生如棋，不得贪胜

有人说世界上销量最多的一本书是《圣经》中的《十诫命》。如同《十诫命》一般，在围棋界，我们有著名的《围棋十诀》。

《围棋十诀》

一、不得贪胜：越是对胜利存有贪念，越得不到胜利。

二、入界宜缓：穿越警戒线时要缓慢。

三、攻彼顾我：向外攻击对方的时候要回首自身形势。

四、弃子争先：即使丢掉部分棋子也要抢到先手。

五、舍小取大：放弃小的利益追求大的收获。

六、逢危需弃：遇到危急情况要弃子。

七、慎勿轻速：不要轻率快速行棋。

八、动须相应：每步行棋需相互配合。

九、彼强自保：如果对方势力强大则需先谋求自身安全。

十、势孤取和：形势危孤则首选平和。

关于《围棋十诀》的作者，一说是中国唐朝的王绩薪，另一说是中国宋朝的刘仲甫。之所以存在争议是因为《围棋十诀》并没有完整的史籍流传下来，而是在其他的著作中被人所提及，所以关于作者是谁，两种主张都不能够服众。

但是，凝结了千年智慧和历史馨香的《围棋十诀》并没有因为其作者的不明确而使得自身魅力减损。而那些理解《围棋十诀》，懂得其中真义并且把它在世界各地传播的人们，真的称得上是促进世界进步的优秀知识人。《围棋十诀》本身，更是值得我们学习的可贵遗产。

《围棋十诀》是“下围棋时必须铭记的十条戒律”。然而其中10条四字棋谚所蕴含的智慧早已经超越围棋的局限，包罗生活的万象，超越东西古今的界限，具有长久不衰的生命力。

《围棋十诀》的第一条戒律便是“不得贪胜”。其意思便是字面上的“越是对胜利存有贪念，越得不到胜利”。但是作者之所以最初会煞费苦心把这一条放在《围棋十诀》的第一位，是因为他先知先觉地意识到“不得贪胜”的深刻性不仅仅停留在字面的理解上。它是统领其余九条的总纲领，是具有普世价值的人生指南。

这里所说的“胜”已经超越了围棋盘上的胜负，

它的意思更加宽广，指的是在社会各个层面的多样领域中人们所渴求的目标。而“贪胜”则自然是指对“实现目标的执著”。“不得贪胜”抛开了围棋盘上狭窄的虚像，向我们展现了“如果太执著于目标则会一无所获”的人生现实。

人生的目标自然是“求胜”，但是对目标过于执著，就会让我们心浮气躁、视野狭窄、思维僵化。“不得贪胜”并不是让我们放弃“求胜”之心，而是要我们时刻保持头脑冷静，避开各种诱惑，认清自己，从而发挥自己最大的潜能。《孙子兵法》中有句名言：“是故百战百胜，非善之善者也。不战而屈人之兵，善之善者也。”能够避开针锋相对的战斗，利用对手的弱点来牵制对手、壮大自己，获得最大利益，便是达到成功的最高境界。

我从很小的时候就开始不断地听这种四字棋谚的说教，次数多得如同耳朵里面钉了钉子一样。当时我并不觉得这些理论已经超越了围棋戒律的范畴，带有人生指针的意义，直到现在我才有所领悟。之所以会那样，是因为我是一名职业棋手，在夺取冠军获得奖金便是最崇高美德的职业围棋界，那些胜负之外的模糊观念我连转一下眼珠的空暇和心情都没有。

正是因为以上的理由，围棋是唯一一种只有业余人士才能达到至高精神境界的比赛。对那些通过围棋来追求实际金钱价值的职业棋手来说，围棋已经成为了谋生的手段，胜负直接关系到奖金的多少，所以根本无法从胜负的囚笼中摆脱出来。而纯业余棋手则可以自由地驾驭在胜负之上，他们可以想象到更加宽广的世界，进行更多的创造。

胜负只是围棋向我们展现的世界的一个小小角落。但意外的是，许多人都错误地认为胜负是围棋的全部。韩国围棋协会成立后为正式加盟韩国体育会做出了诸多努力，而这些努力引起了人们关于围棋是运动还是艺术的论战。这个情形的产生便是执著于围棋胜负的结果。

韩国围棋的体育运动演化成了时代的潮流。在学校里，围棋被选为正规的科目，由此围棋教室事业开始爆发式发展，儿童围棋也开始活跃。之所以有如此多的围棋梦之树的播种，是因为韩国发掘了国内诸多代表性的围棋天才。这一点是任何人也无法掩盖或否定的事实。

但是并不是说把围棋命名为运动就改变了那数千年流传下来的围棋的本质。从遥远的过去开始，先行者们就不断追求围棋的“艺道”，而这种“艺道”在体育围棋中，依然存在着。享受这种艺道追求的人，便是业余棋手。

我的爷爷和父亲虽然棋艺并不是特别突出，称不上高手，但是他们比我更加享受围棋。因为他们完全从胜负中解放出来。围棋本来就应该是这样的一种世界，不管棋艺高低，也不管是赢还是输，以一种悠然自得的心态尽情享受围棋的乐趣，这便是“不得贪胜”的境界。

第一章 成长

孩子在童年时应该尝试所有自己想做的事情，那最想做的事情就是自己的才能。

才能是一棵树，它既贪婪又挑剔，以家人的关心和爱护为生。在家人用浓厚温暖的爱围成的城堡中自由成长起来的孩子们，思维会更加开阔，看待世界的角度也趋向柔和。相反，如果孩子的父母是一对急切地想让孩子完成自己未竟心愿，想让成功的理想在下一代中实现的人，那么孩子便会在无止境的学业压力中，在充满各种压抑的痛苦中成长。那样他们很容易陷入偏激，世界观也会变得极端。

求胜——孩子的天性

在遇到围棋这项爱好之前，我一直是个表现极为平凡的孩子。有人会说：哦，那个关于大蟒蛇的胎梦就很特别嘛。但在当时，那也不过是个平常的胎梦，只不过在我成为职业棋手赚得一点名誉后，蟒蛇胎梦才成为人们津津乐道的话题。看着儿时的李昌镐，没有人会觉得我是个特别的孩子。

如果硬要找个特征将我区别于其他同龄孩子的话，那就是当时我长得块头很大，健壮得很。很难想象吧，因为现在的我完全是那种可以划归为矮小体形的一类人。亲戚朋友们也经常会拿这点开玩笑说：你是不是用脑过度结果个头不长了。想想也是，说不定真是这个原因呢。如果我的个头能够按照当初的势头一直发展，应该长成和我的弟弟差不多一样的体形了吧？顺便提一下，弟弟英镐是个身高180厘米，体重超过0.1吨的壮实男儿。

儿时的我也从未立下过志向说一定要成为什么样的人。如果不是偶然的机会，误打误撞进入围棋界，我想自己肯定会做起摔跤选手的春秋大梦。我真的是很喜欢摔跤，当时摔跤选手李满吉正活跃在体坛，拥有完美体形和英俊外貌的他被人们称为“天下壮士”。在他的影响下，摔跤一度成为韩国人气最为高扬的体育运动。而我也不例外地深深陷入摔跤的魅力中。小学（全州交大附属小学）二年级的时候，我成为了“摔跤王”，记忆中我从未在沙盘上输过。

平常的时候，我也会和其他的孩子们一起玩弹弹珠、打片子等小游戏，但是我最痴迷的游戏除了摔跤外，要数电子游戏了。如果你也是20世纪80年代开始上小学的这一代，那你肯定会记得“小蜜蜂”和“火凤凰”这两款电子游戏。只要有时间，我和英镐就会去社区里的电子游戏厅，仿佛是战士踏上征途般雄赳赳气昂昂。而我们能玩得这么恣意，全是托了父亲的福，想不到吧？

因为我们的父亲经常带着还在上幼儿园的我和弟弟去电子游戏厅玩，在父亲的庇护和带领下，我们很快成为电子游戏厅的常客，并且迅速成为周围人们注意的人物。因为我们是天下无敌的兄弟俩。拿着响当当一个铜板，我们就能占住一个机器一整天不输，一直玩下去。所以，理所当然的，我们成为了游戏厅老板最讨厌的顾客。

有一天，我们像平常一样正在认真玩游戏，店主人，也就是那个大叔叫我们了……英镐每每说起这一段总是眉飞色舞充满自豪，如同我们俩是征服了整个电子游戏厅的英雄好汉。而这段故事最为高潮、最不可或缺的一部分就是——老板抓住我俩的衣服，近乎哀求地说：“孩子们，叔叔把你们的钱还给你们，求求你们到别的地方玩吧，好不好？”

在当时诸多款游戏中，我最喜欢的就属“小蜜蜂”了，也许是因为经常玩这个游戏，当时我幼小的心中就产生了强烈的对胜利的渴求。

如果英镐创造了通过100关的记录，我会真心地祝贺他。但是，弟弟亲归亲，胜负却是另外的不可混淆的事情，我心里会期待着第二天的到来，因为我一定要创造闯过150关的记录。被激起好胜心的英镐用尽招数疯狂达到160关的记录，并向我炫耀时，我还是会夸他厉害。但是我的心里并不平静，只有创造出200关的记录才会安心。当时的我便是这样：即使对那么疼爱的弟弟，我也不会让出最高记录保持者的位置。

愉快的童年源于父母的恩德

记忆中，我从没有挨过父母的严厉批评。仔细想想平时挨说也是有的，当然都是为了些鸡毛蒜皮的小事。

我生来是个左撇子，母亲很想给我改过来，所以每当看见我用左手就会说我几句。但是，这时爷爷总会站出来说：“哎呀，左撇子是什么大错吗，值得这样骂他？长大了自己就改过来了嘛。就算是长大后也改不过来，用左手也很好啊，别管啦。”

所以，直到现在，我还是个左撇子。我也记不清是从什么时候开始，我在下围棋的时候刻意用右手了，因为我得知用右手是“对对方的尊重”，所以，没有经过痛苦的改正和纠结，我很自然地成为了两只手使用起来都很灵活的人。

每当回忆起童年，我眼前就会浮现家人的容貌，脑海中充满了愉快的回忆。能够这样快快乐乐、无忧无虑度过一个阳光的童年，真是我的幸运。因为在这样的环境下，我养成了看待整个世界和人生的积极态度，学会了用肯定的眼光审视周围的一切，乐观地看到事情充满可能的一面，并且从头到脚饱含着走向完美人生的力量。

父母不责骂我，但他们也绝对不是对我完全不闻不问地放养。父亲表面上是个言语不多，有点木讷的人，但是他内心感情丰富，充满温情。我们和父亲都很亲近，经常一起出入电子游戏厅，还会把被子铺开，然后在上面玩摔跤。看到我们在一起胡闹，母亲就会在旁边咂舌有声地说："啧啧啧，有其父必有其子，真是孩子气不懂事啊。"

父亲不仅是我们坚实的后盾和强有力的保护者，更是一个想法与我们超级一致的好朋友。现在回想起来，父亲怎么可能天生就和我们的视角一致呢，只是他在尽最大努力地贴近我们的心理罢了。不知道我的孩子会什么时候到来，我也不确定自己是否能像父亲那样做一个优秀的爸爸。因为这真是一件特别不容易的事情。

我的母亲是一位特别具有亲和力，并且做每件事情都风风火火的女强人。弟弟英镐的性格中有一点和我有很大不同，那就是他总是能很轻松地融入周围的人群，很快地交到朋友。我想这应该是他遗传了母亲基因的缘故吧。

母亲简直就是"母性力量"的化身，在高度重视子女教育的韩国，她是那种极少见的母亲。因为她从来没有对我们三兄弟施加过任何压力或者骂过我们，让我们好好学习，好好学习。所以我从来没有被强迫要努力成为什么样的人或者必须做什么事情。别的孩子们经常会在家中承受“考试压力”，但在我们家，这是没有的事。

不仅不给我们压力，母亲的想法似乎是“小的时候就应该尝试所有自己想做的事情。只有都经历过，才会发现自己最想做的，而那最想做的事情就是自己的才能。”所以母亲十分坚定地放手让我们自己去选择未来的路，并在背后默默地支持我们。

我的父母从不着急命令子女去干什么。他们仿佛一开始就明白一个道理：那样的命令并不是真正为了孩子，而只不过是偏执地想要满足自己的欲望。

那些能够左右孩子未来的才能肯定是藏在了某个地方，它说不定会在某个时刻爆发出来。所以，如果条件允许，让孩子们自己去挖掘自身最突出的才能吧。作为父母，能让孩子们多去经历，多去思考，这才是最好的爱。

除此之外，父母需要做的最首要的一点，就是要让自己的孩子们有这种信念：在我的背后，一直有家人在关注着、支持着、守护着我。才能是一棵树，它既贪婪又挑剔，以家人的关心和爱护为生。在家人用浓厚温暖的爱围成的城堡中自由成长起来的孩子们，思维会更加开阔，看待世界的角度也趋向柔和。相反，如果孩子的父母是一对急切地想让孩子完成自己未竟心愿，想让成功的理想在下一代中实现的人，那么孩子便会在无止境的学业压力中，在充满各种压抑的痛苦中成长。那样他们很容易陷入偏激，世界观也会变得极端。

我并不是一开始就知道这个道理，而是在无数次激烈的围棋战斗中，一点点地醒悟，一点点积累起这种认识。而正是这些教育思想造就了我，成为我之所以为我的原因。

围棋就是魔法的世界，围棋就是宇宙的中心，

世界的所有秘密都被呈现在围棋中，

而只要稍微开拓一下视野，那无穷无尽的变化就会滚滚涌现。

在那如同迷宫般交错的横线和竖线上思索，

然后每次解决困局找到新的棋路的欣喜，

就如同发现天下至宝。

围棋盘上描绘的宇宙

我会对围棋产生兴趣是非常偶然的。之前天天都会看到围棋和下围棋的人，围棋对我来说简直是和锅碗瓢盆一样的存在，但是就在那天，围棋突然像被描上异彩的图画，一下子闯入了我的视线。依旧是我的爷爷和他的朋友们，依旧是那个我再熟悉不过的黄色棋盘，也依旧是一些白色的和黑色的小棋子被一个个放到这里，或者摆到那里。然而不依循旧例的是，所有的这一切突然在我眼中变得异常神奇。

哦，围棋莫非是只有大人们才能知晓的神秘世界？围棋难道是我无论如何也不能够靠近的禁闭世界？为什么有的人会脸上红一阵子绿一阵子，而有的人却喜上眉梢，想掩饰都掩饰不住？为什么人们会如此痴迷？我想要去发现和探索这个世界的欲望悄悄地膨胀起来。

那时候我的年龄究竟有多大，说实话我自己都记忆模糊说不清楚了。听长辈们说我当时是上幼儿园的年纪，那么推算起来，大概是6岁的时候吧。

我先是天天缠着爷爷教我下围棋。而爷爷对他的这第二个孙子也尤为疼爱。这并不仅仅是因为我在围棋上表现出的才能，也因为他老人家在之前就对我非常好。很难找到爷爷对我偏爱有加的原因，但是有一点可以肯定：是围棋让我们这祖孙俩越来越亲近。

当然，刚开始下围棋的时候我也并不是很严肃认真的，依稀记得当初是从“弹棋子”的游戏开始学习围棋的[①]，并且在相当长的一段时期内，我坚信：弹棋子就是围棋。

爷爷是想让我在正式学习围棋之前，首先能够和围棋盘、棋子亲近起来。如果要更好地学习围棋，那么必须对围棋产生由衷的热爱，只有这样才有可能学好围棋。

在弹棋子的游戏之后，我开始逐步学习五子棋了，再之后对围棋稍稍有些熟悉，爷爷便领着我和表店的修表大叔一起玩“吃子”[②]、“圈地”[③]的游戏了。

进入了围棋这个成年人的世界，幼小的我内心充满着惶惑。在我眼里，围棋就是魔法的世界，围棋就是宇宙的中心。世界的所有秘密都被呈现在围棋中，而只要稍微开拓一下视野，那无穷无尽的变化就会滚滚涌现。在那如同迷宫般交错的横线和竖线上思索，然后每次解决困局找到新的棋路的欣喜，就如同发现天下至宝。

天哪！世界上竟然有如此有趣的游戏！自从开始了解、学习围棋后，以前常和邻居小朋友们玩的弹弹珠也好，打片子也罢，都变得乏味不堪。虽然还是继续玩电子游戏和摔跤，但是我再也感觉不到往常的那种乐趣了。

---

① 译者注：弹棋子是在围棋盘上各摆上两部分棋子，用手指弹棋子将对方的棋子撞下棋盘而获胜的游戏。

② 吃子：利用围棋盘、围棋子，将对方的子全部吃掉为赢的游戏。

③ 圈地：指韩国小朋友玩的游戏，首先双方各自在地上画一个大的圆圈，做好准备。然后通过剪子石头布对决，赢的一方在对方的圆圈内以拇指为中心尽可能画一个大圆圈，那么圆圈内的地盘就归自己所有了。这样反复进行，谁在自己一方的圆圈中剩下的地方越小，谁就输了。此处指将这个游戏与围棋结合起来的围棋玩法。

因为在我的头脑中，不知不觉的一块巨大的围棋盘牢牢地占据了高地，自此我所有的想法都开始离不开围棋了。每当捏起那滑溜溜的凉凉的棋子，我就再也分不清是棋子变化为我，还是我本为棋子，时常有这种人棋合一的感觉。并且，不知道从何时起，渐渐地，我待在爷爷身边的时间越来越多，竟然超过了和小伙伴们做伴的时间。开始的时候，爷爷认为我对围棋的兴趣不过是孩子一时兴起的小爱好，可是随着时间的推移，他老人家似乎也开始想要教给我更多关于围棋的事。

爷爷开始用自行车驮着我，每天去造访各个棋院。当时并没有教授儿童围棋的学院或者围棋道场，所以如果想要教孩子学习围棋，只能是在家中由大人直接教，或者到小区内的棋院，对人家说："教我一招吧。"当时的现实情况就是这样的。

平日上完学从学校回家后，周末一大早，爷爷便会带着我出门。弟弟英镐看着我们爷俩的匆匆形色"非常羡慕"。这话是我们俩都长大成人后我才听说的，然后我才开始想到："对啊，弟弟是会有这种想法的啊……"我真是一个不可救药、感觉迟钝的家伙。

世界上没有免费的午餐

在那个并没有多少孩子下围棋的时代，我很快便成为了"全州名人"。彼时彼刻的我浑然不觉，但是现在回想起来，我的爷爷真是有教授围棋的独门秘法。他并没有操之过急地为我请一位固定的业余讲师或者职业棋手做老师，而是让我和不同的会下围棋的人对弈。只要是会下围棋，不论棋艺高低，爷爷都会让我和他们下一盘。

现在来揣测爷爷的想法，他似乎是想让我和尽可能多的人对弈，从而积累接触不同棋风的经验。在这个过程中，我遇到过棋艺和我一般的人，也遇到过有名的业余围棋高手。

几年后我成为了职业棋手，开始面临许许多多的胜负角逐，但是有了这些广泛经验后，我能够不拘泥于框架规矩，而继续保持活跃自由的思维。正是因为那些棋艺水平各异的对手给我带来了广阔的思维方式。

每次我和别人对弈的时候，爷爷都会殷勤地出钱为对方买烟或请一顿炸酱面。

看着爷爷的所作所为，那个时候的我便形成了一种对待社会的态度，一生都会保存内心的训诫自然地开始铭刻在心间，扎下深根："世上没有免费的午餐。不论是大的还是小的，微不足道的还是重要的东西，如果你想获取，那么必须付出相应的代价。这个是在世间生存的严格法则。"

爷爷从来没有跟我说过"世上没有免费的午餐"这句话。但是他用无言的实际行动教会了我，这比起百句千句的叮咛更有效果，教会了我人生的至理。

"得到多少，就要付出多少。"爷爷用无言的实践向我展示的训诫在我的心中扎下了根，并一步步不断成长，它的干越来越粗壮，它的枝丫也开始扩散，郁郁葱葱。得到多少，就要付出多少，爷爷的教诲同时还启发了我：如果你想得到对方的尊重，那么首先要尊重别人。回首过往，不管是人生，还是围棋，我的爷爷都是那位向我展示前路的启蒙老师，他是我人生的Mentor。

如今社会，Mentor这个词语是随处都可听到的。不仅在日常的生活中会常常听到，而且当你走进书店，充斥眼帘的必然有Mentor这个词语，而它通常醒目地立在书的封皮上。

在希腊的长篇叙事诗巨著《奥德赛》(Odyssey)中，主人公奥德修斯有一位忠实的建言者，他的名字就叫作"Mentor"。Mentor这个词包含着贤明的值得信赖的商谈对象、指导者、老师等多层意思。而"Mentor"这个名字，也在世界的各个角落被无数次呼喊，因为像Mentor一样值得信赖和追随的诚恳的老师，是非常可贵的。

爷爷不仅仅教会了我围棋，在我人生的各个方面，爷爷都给了我巨大的影响，他是我心灵的老师。每当我遇到困难，感到惶惑不堪时，只要我思考一下"如果爷爷处在同样的境地，他会怎么做呢？"这样想着，我渐渐地就会平静下来，心理也会安稳，最终找到解决问题的头绪。

想起爷爷的时候，总会自然地想起他的那句四字成语"步步登高"。一步，再一步，走向更高。而爷爷也如同他生前向我展示的那样，他的一生，正是践行着"步步登高"的原则，从始至终。

我一生的座右铭是"诚意"，如果说这是和爷爷心意相通的追求的话，那么“步步登高”便是“诚意”的实践方式。一步，再一步，走向更高。这是从儿时起便成为我围棋追求的目标，也是爷爷充满诚意的真心在我胸中激起的小小的启示。

即使是现在，我仍然会时常想起那段日子。爷爷把我放在自行车后座上，奋力地踩着踏板前进。阳光暖洋洋的，微风也柔和。自行车车轮飞快旋转，而路上所有的事物，都随着那旋转迅速地往身后退去。

我安静地把脸靠到爷爷温暖的背上，看着镇上的小商店、电子游戏厅、洋装店、理发铺、饭馆等一齐向我挥手致意，并擦肩而去。这个景象一动不动又毫不退色地藏在我记忆的深处，每当我感到疲惫不堪、烦躁异常的时候，它就会悄悄地走出来，让我重归平静。

直到现在，儿童时代爷爷自行车的后座对我来说仍是最温馨、最充满吸引力的地方，没有什么能够超过它。

大部分的人并不是伯乐，并不能够在最初就发现
一个人具有天才的能力。
只不过在看到之后所作出的某些非凡成果后，
他们才会恍然大悟，说这个是天才之举。
因此，如果我们抛弃对天才的固有观念，
那么就会像爱因斯坦说的那样，
所有的孩子都可以被培养为天才。
“我并不是头脑聪明。我只不过是在有问题的
时候比别人更长久地思考。”

让兴趣成为你的才能

什么是才能呢?有很多人都喜欢说“李昌镐是个天才”。但是我从来没有把自己当做过什么天才。听到关于天才的称呼和赞美，我会感到很难为情，脸也会变得滚烫。

但是，到现在为止我也从没有说过“哦，不是的，我不是什么天才”这种否认的话。因为有人会问“学习围棋不过5年就成为了职业的棋手，而且是11岁的职业棋手，如果这都不能称之为天才，那么谁是天才呢？”面对这样的问题我真的很难回答。并且在那种情况下如果还一个劲坚持“我不是天才，我不是天才”，只会让人觉得我很矫情，骄傲而虚伪。

而事实上，不仅仅是别人，我自己也会经常有这种心情，那就是深刻企盼：“如果真能当一回天才就好了。”但我并没有能够真正当一回天才，我没有资格被称为天才，因为自身不足的地方实在是太多了。除了围棋之外的其他方面，我的能力十分平庸，甚至低于一般人的水平。小学入学的时候，我曾经参加过智商测试，当时智商测定为139，脑袋还是比较聪明的，但是与能够在新闻报道、广播媒体等作为话题的那些天才、英才相比，我的差距很大。比如我的记忆力就非常差，是个路痴，经常会在路上左右徘徊找不到方向，而类似于电脑等机器的操作，我更是非常不熟练。不仅如此，不论私下里自己怎么努力，我的口才还是很差，简直是我弥补不了的缺陷，这经常让我很是受伤。接受采访或者是登台发表获奖感言这种事情，每每会搞得我非常慌张。虽然孔子说过“能言善辩只不过是阻挠他人而招人怨恨罢了，都是些无用的东西”（或曰：“雍也仁而不佞。”子曰：“焉用佞？御人以口给，屡憎于人。不知其仁，焉用佞？”），但是我还是特别地羡慕那些从小就十分有天分，口齿伶俐的朋友们。像我这种有许多缺点的人都能够被大家叫作天才，如此看来，只要任何人，在某一方面上有卓越的才能都能够被称为天才。

我只能说，单就围棋这方面，我和别人相比也许还算有点才华，但离“天才“的称号还差得很远，我认为自己的才能也不过如此罢了。

近些年来，天才这个词语有逐步被滥用的趋势。在某个领域稍稍做出些能够入人眼的成绩，马上就会被贴上天才的标签。如果这种夸张的做法是值得肯定的话，那么毫无疑问，这个狭小的世界上充斥着各式天才。我认为，天才是有标准的，只有那些“通过自己有意义的卓有成效的活动，在所从事的领域里成为典范并能够进一步为世界的改变做出贡献的人”才有资格被称为天才。

如果按照我的标准来挑选围棋界的天才的话，那么有这么几位会出现在我的名单上。远处说有和木谷实[①]九段一起主张“新布局”并成为围棋界新的典范的吴清源九段；近处说有我的老师

① 译者注：木谷实，杰出的日本围棋手。木谷实少年得志，17岁时即在“东京日白手合”中十战十捷，人称“怪童丸”。1933年他25岁时与吴清源共创“新布局”理论，一改其过去重视实地、投子低位的棋风，改为重视中腹、投子高位为主，为表其推行“新布局”的决心，他甚至在对局中起手即下“五五”，令棋坛震惊。

曹薰铉九段和当代棋坛英才李世石九段。其实这种判断并不仅仅是我自己的看法，这是围棋界的各位同僚、前后辈们一致讨论的结果。

我的老师和李世石九段有很多的共同点。其中最为让人钦佩的就是他们会在人们一眨眼的极短时间内抓住棋的要害，构建自己的脉络，这种直观的力量，是谁都学不会的。并且这二位和我不同，他们在围棋以外的领域都表现出非凡的适应力，让很多人不由得感叹："天才就是不一样，做什么都优秀。"

我在年纪尚幼时就成为职业围棋选手，并且做到了人们口中所说的最好，但是这些所谓的成就并不是因为我是个天才，而是因为我将每个人都有的那些才能，比如专注，比如努力，发挥到了极致。并且这些成就并不是靠我一个人的力量或者才能就能够实现的。

我的成功是各种完美的条件叠加下的结果。其中有家人无微不至的关怀，最理想的教育方式给我打下的基础，以及在有了坚实基础后国内最卓越的老师的教导。

大部分的人并不是伯乐，并不能够在最初就发现一个人具有天才的能力。只不过在看到之后所做出的某些非凡成果后，他们才会恍然大悟，说这个是天才之举。因此，如果我们抛弃对天才的固有观念，那么就会像爱因斯坦说的那样，所有的孩子都可以被培养为天才。

"我并不是头脑聪明，只不过是在有问题的时候，能够比别人更长久的思考。"

而我觉得自己所拥有的最大的才能，应该就是“兴趣”了。只要是和围棋有关的事，我都不厌其烦，这点在周围的成年人眼里是难能可贵的。

孩子的天性本来自由散漫，注意力不集中，即使是非常有趣的游戏也不能够玩很长时间。对待围棋尤其如此。围棋又是那种除了手之外不需要其他运动的游戏，并且与对弈的另一方也不需要言语，同时对弈从头到尾都需要不断地思考，需要长时间坐在同一个地方。对一刻都待不住的孩子来说，这是非常难以坚持的事情。

但是我只要是和别人下棋，只要一坐下，就一动不动，仿佛整个人被埋到了围棋盘里，一点点轻微的动弹都没有，深深陷入思考的世界。

我总是用一副满脸僵住的表情死盯着棋盘，别人绝对不知道我在想什么，所以总是感到很神奇。而我自己对这种完全沉陷的时间一点都不觉得乏味，反而乐在其中。

弹弹珠、打片子也好，电子游戏、摔跤也罢，它们确实是很有意思，但是远比不上围棋，像围棋这样有趣迷人的游戏是独一无二的。学习围棋后那些普通的游戏都变得乏味了。只要一坐在棋盘前，我就会变得像俗语里说的那样：斧头把烂了都浑然不觉[1]。

---

① 如同斧头把烂掉那样，所有精神都专注于围棋，不觉时间的行进。这句话的出处为：中国秦朝有一个叫王质的樵夫，观看两个神仙下围棋入了迷，一直看到自己的斧头把都烂掉了，回到村里后发现所有的人都已经老死了。

“知之者不如好之者，好之者不如乐之者。”学习知识或本领，知道它的人不如爱好它的人接受得快，爱好它的人不如以此为乐的人接受得快。正如孔子说的那样，兴趣就是有这种魔力，拥有兴趣的人，即使没有人强迫来教授，他也会自己去寻找，自己去沉醉其中。兴趣是一种才能，这种才能每个人都有，你也有。

而就我的情况来讲，真的是每件事情都“再幸运不过了”。结识围棋之初，我丝毫没有感觉到乏味，而是充满欣喜地融入这个世界；循序渐进，让我从弹棋子、五子棋开始接触学习围棋的充满教育智慧的祖父；对我从不做任何强迫要求和限制，无时无刻不给予我关爱和支持的我的父母。

“被牛喝进去的水会变成奶，被蛇喝进去的水会变成毒。”

充满真心的赞美和期待是让人精神振奋的力量，

但是赞美并不是所有人的良药，

对有的人来说，赞美反而会成为致命的毒品。

赞美与责备的两面性

未堂[1]徐廷柱在他的诗《自画像》中写道："二十年来养育我的是八面的风。"那么，那养育我的，把我推上围棋斗场，让我成为围棋斗士的力量是什么呢？如果抛开之前所说的兴趣不谈，我想，养育我的那八面的风，那力量，便是"赞美与期待"。

赞美可以让鲸鱼也跳起舞来。如果你去逛书店，会发现书店里关于领导力的书非常之多，翻开来看一下的话，每本书里都会提醒领导者要懂得赞美下属。虽然对于这点的解释和证明有很多种，但是中心观点都是老生常谈，也由此可见赞美的力量。

关于赞美和期待的效果，很早之前人们就做过研究了。在学界，人们称之为"皮格马利翁效应"[2]。

关于皮格马利翁的神话纷繁而精彩，但是如果把内容压缩一下，就非常简单了。雕塑家皮格马利翁制作了一个非常美丽的女人像，他爱上了这个自己亲手制作的女人像。爱与美的女神阿佛洛狄忒被他的那份痴迷的爱感动了，于是赋予了那女人像生命。

---

① 译者注：韩语中的一种称谓。

② 译者注：心理学术语，源于希腊神话中出现的雕塑家皮格马利翁的名字Pygmalion。

如同这个神话告诉我们的，在他人的期待和关心下，人们原有的能力会提升，做事情的结果也会变得明朗。在心理学上，如果他人尊重我，并且对我充满期待，那么我就会不由自主地想要回应那种期待并向着所期待的方向去努力，最终成为他人期待的那种人。而在教育心理学中，这个原理被广泛运用：教师对学生的关心和期待会对学生产生非常积极的影响。

1968年哈佛大学社会心理学科的教授Robert Rosenthal和在美国有20多年小学校长经历的Lenor Jacobson以美国旧金山的一所小学全体师生为对象，做了一项实验。他们对所有的学生进行了智力测验，然后在每个班随机抽取了20%的学生，注意这20%的抽取，是和智力测验的结果无关的。他们将这份名单交给了教师，并告诉他们："这是智力水平非常高的孩子，他们极为有可能在学术上取得很大的成功。"

8个月后，他们重新回到这里，做了和上次一模一样的智力测验。结果发现，曾经出现在名单上的孩子，在智力测验中远远超出了平均水平。不尽如此，他们在学习成绩上也有了突飞猛进的进步。推敲起来，名单上的孩子们能够有这样大的进步，是和老师对他们的期待和鼓励分不开的。这个实验充分证明了，老师对学生期待的效果会直接体现在学生的学业成绩单上。

从我第一次抓起棋子，到现在为止，那驱动着我不断前进成长的动力，正是人们对我无数的赞美。记忆是朦胧的，但是回想起儿时的岁月，那些赞美的声音仍会轻轻掠过耳边。

“啊？这么小的孩子已经知道这个招数了？呀，这个家伙真是厉害啊！”

“这孩子是什么时候开始学围棋的？什么？还不到1年？哇，你是天才啊！”

在全州，爷爷牵着我的手挨个儿去各个棋院学习，和形形色色的人对弈的那个时期，和我下棋的人大多数都是些年纪大我四五倍的叔叔们。可能也正是因为对手是个孩子，所以叔叔们不论是赢了，还是输了，都不会因为结果而心存芥蒂，都会毫不吝惜地向我抛来赞美。

我对自己选择的围棋充满了热爱，慈祥的爷爷又循循善诱，这些都是我能坚持下围棋的很大原因。但是在通往职业棋手的路上，使我能够一直不知疲惫、不觉厌烦、全身心享受其中的一个重要的原因，就是他人的赞美。

充满真心的赞美是让人精神振奋的力量。当时从来没有这么想过，但是那些能够抽空儿和我对弈，并不时称赞我的不知姓名的叔叔们，真的是“让我舞蹈起来的人们”。

除此之外，从入门围棋之前开始，爷爷对我特别地疼爱备至，保护有加。而入门围棋之后，爷爷、家人自不必说，全州所有的亲戚们、围棋爱好者们都对我充满了关爱和期待。我正是在这种环境中成长起来的。等到我正式登坛成为职业围棋选手，棋迷们热情的支持和鼓励将我淹没，到现在我如果有围棋对决，也总会收到来自世界各地棋迷的声援。

他们乘飞机或者坐火车，即使要在路上度过好几个钟头，也从很远的地方赶到我比赛的场所，从比赛开始一直到结束，一直等到最后向我要一张签名。看到他们高兴的样子，我在比赛过程中感受的所有的痛苦都烟消云散，霎时间浑身充满了力量。我之所以能够有今天，都是由于周围的期待、鼓励、声援给我带来的支持。我是靠赞美而舞蹈的围棋鲸鱼。昨天是，今天是，明天也会是。

但不是所有的人都可以享受皮格马利翁的正面效应。赞美并不是所有人的良药。随着人们个性的不同，赞美也会有不同的效果。“被牛喝进去的水会变成奶，被蛇喝进去的水会变成毒”，这个俗语是非常有道理的。

“药虽然好用，但是不能不顾药性而滥用”，这并不仅仅适用于医学。许多乘胜追击的青年实业家受到了称赞和期待的鼓舞，变成只看眼前利益，奔走向前的人，而最终走向了破产的道路，这样的例子比比皆是。这并不只是肥皂剧里的情节，而是活生生的现实。

许多人都认识到条条大道通罗马这个道理，但是在组织社会这个体系中，人们往往会陷入“走向成功的路只有一条”这种偏执当中。究其原因，我想是由于报纸、电视、广播、书刊、网络等无时无刻不通过实时发布的言论来掌控着整个世界，每条言论似乎都在充满自信地向世人宣称："我是对的！"

从这种意义上来说，生活在被信息洪水包围的现代社会的人们，真的是有些不幸。因为想要的信息实在是太多了，人们似乎根本没有时间去看、去选择、去学习。如同忙碌在上班路上的销售人员胡乱地往嘴里塞着汉堡和三明治一样，信息也只不过是头脑中的过客，人们对信息的信赖程度也是很低的。

而人们对于"到达成功的道路只有一条"这种偏执和错觉的产生，是由于他们从"成功人士"那里得到了这种信息。然后狂热地把自己放置在这种框架下，想要按照从成功人士那里听到的那样去做，想要获得梦想中的成功。

但是我要说：成功的路和去罗马的路一样，都是有很多条的。赞美和期待是有效的，同时，责备和警告对一个人的成功也是有效的。因为相比这些外在的东西，当事者对待赞美或者责备的态度，他们的意志和努力，才是成功的决定因素。

拜师学艺

我受到过全州新春棋院刘亨宇院长以及李光弼教练等的指导，他们都是韩国围棋界业余棋手中的佼佼者。我曾经向拥有全国比赛优胜经历的全州业余高手李精玉教练学了1000多盘棋。

与此同时承蒙爷爷独特的教育方法，我与下棋经历不如我的很多人也对弈无数。

说不定爷爷是想培养我，他想把我培养成为了抓一只兔子也付出全力的老虎。不知道我是否达到他老人家的期待，但是不管怎么样，那种对局训练了我不管是跟谁较量，都不会瞧不起对方，都会慎重对待对手的态度。

1983年夏天，我在学习围棋的道路上又向前走了一步，终于能够跟当时的职业棋手田永善教练（当时七段，如无特殊说明，本书中所涉及段位都是当时的段位）学习了。这是经过李光弼教练的介绍，我才第一次能够接触职业棋手的世界，也是从此时开始，我便和“职业棋手”结下了缘分。

田教练是赌棋的“高手”，也是“田流”的创造者，是具有自己独特特色的一流的职业棋手。如果能一直专注于围棋、不那么嗜酒且追求自由奔放的生活的话，田教练也不会在某天突然告别棋坛。如果那样，世界上又会多一位技艺高超的职业棋手。

在我的记忆里，田教练的棋风并不是从一开始就讲究以周密的占空行棋的实地围棋，更喜欢用各种奇异招数战胜对方。如果我下棋的时候明明能够使用招数却不用的话，即使赢了那盘棋，他也会十分严厉地训斥我。盯住对方的要害让对方一步也动弹不得，是这位曾经在围棋界出类拔萃的怪杰对我的教诲。

田教练第一次见到我的时候，似乎很不情愿收我为徒，这是我后来才听说的，说我给他的第一印象是：并没有什么特别吸引他的东西。

“不是有这样的说法嘛，出众的孩子在某些地方和普通孩子很不一样。比如说目光分外明亮或者是长得特别机灵之类的，而你反而看起来特别愚钝，说实话没有一个地方能让我觉得你是块下棋的材料。所以一开始我并不是因为确信你是个职业棋手的料才教你的。”

因为大部分围棋天才们幼年时的外貌就与众不同，但是那时的我不足以给他这种感觉。我的老师（曹薰铉九段）和赵治勋九段小时候就都与众不同，看他们幼年时的照片就知道，他们的外貌的确和普通的孩子很不一样。他们的目光非同一般，能够从他们的目光里感觉到像冰一样晶莹剔透的冷静气息。

而从我身上绝对看不到一点儿那样的天才们所具有的特征。不仅如此，我的外貌显现出来的所有特征更接近天才的反面。但是田教练发现了我在迟钝的外貌之后藏着的“特别的东西”。

“我教你，你现在的水平是三级，我让你六子。但是你一盘棋，除了一两个招数以外，全都是些稀松平常的招数。但特别的是，那些是那种你不能够确定它们非常厉害，却很巧妙的招数。一开始的时候，那些招数大部分看起来都很模棱两可，觉得不像孩子那样充满雄心壮志。但是从结果上看并不绝对如此。很大一些需要看路数的地方都摆上了棋子，给我一种很奇妙的感觉。”

才能出众的孩子毫不畏惧，多多少少有点儿过分的嚣张并且喜欢运用各种战术战胜对方。这样才像孩子们下的棋。但是我虽然一开始的时候和对方对峙，但是对峙一会儿以后马上就会后退，以后不到了万不得已的时候就不会像开始那样和对方对峙。虽然我的棋风缺乏斗志，但是也一直在赢棋。

很多观察者们说，我的棋风是因为受到李精玉教练以及田永善教练的影响而形成的。事实上在向田教练求教之前我的棋风就已经基本形成了。田教练对幼年时的我是这样评价的："就算是输，也坚持自己的风格方式，这一点令我非常满意。"

我的围棋虽然不是那么针锋相对，但是并不说明我缺乏赢棋的欲望。不管我输了几盘都不会像其他孩子们那样在棋盘面前面红耳赤，虽然很多人看到面无表情的我都会说我是个漠然的孩子，但事实上并不是这样。我会偷偷跑到卫生间，关上门之后掉眼泪。在别人看不见的地方消气之后，马上又以明朗的面庞回到棋盘前。而赢棋的时候我的话语会变得更少。

韩国围棋界的第一号内弟子

我学围棋仅仅两年之后就参加了海泰杯全国儿童围棋大赛，并且作为进入十六强的最年少棋手而获得了鼓励奖。在那之后第二年我便在同龄人围棋王大赛中取得了优胜。

这时候，我站在了命运的棋盘上。家庭会议上，家长们做出了“昌镐喜欢围棋，并好像确实有这方面的才能，让他走职业棋手之路”的决定。

做出这样的决定之后，爷爷和父母不能决定到底是送我去做当时活跃在日本围棋界的赵治勋九段的弟子，还是在韩国国内找一个好老师。因为当时日本是世界围棋的中心，并且认为韩国的围棋比日本略低一等，所以都认为去日本留学学习围棋是精英们应该走的路线。

但是我的日本围棋留学之路在那之后不久就告吹了。爷爷和父母认为为了把我培养成职业棋手，把什么都不懂的我送到日本是一件对我十分残酷的事情。那时候的我是个自己一个人无法睡觉的孩子，不管什么时候都要和爷爷奶奶一起睡觉，把这样的孩子送到陌生的外国，怎么想也觉得无法安心，所以下了这样的结论。

结果爷爷和父母为了给我找一位好的围棋老师找遍了整个韩国。那时候往返于首尔和全州指导我的田永善教练给我介绍了一位职业围棋界绝对首屈一指的老师——曹薰铉九段，我有幸与这位强者进行了2盘授三子的指导棋。这两盘对局相隔了一个月，第一盘输了，一个月后的第二盘赢了。然后在1984年的夏天我和老师（以下所称的老师都指曹薰铉）结下了师徒之缘。

走上围棋之路后，似乎应该称呼我的最高指导老师为

“Mentor”，但是，我却不想改口，因为Mentor中所包含的意思，在“老师”这个词里都有，所谓的改口，也毫无意义。因为对我而言，曹薰铉老师在作为我的老师的时候，是最伟大的。

作为弟子怎么敢评价自己的老师，如果非要用几个字表述的话，我就冒着不敬的骂名评论一句：老师是“当代最杰出的围棋斗士”。

那时候，我的老师不过刚刚迈入而立之年，便两次取得大满贯（在一年之内的全部棋赛中取得优胜），而作为职业棋手一辈子能够创造一次这样的记录都已经是至高无上的光荣了。我的老师就是这样一位巅峰的职业棋手（1986年3次大满贯得主）。这是在中日韩三国中独一无二的记录。可以说在韩国职业围棋界“天上地下唯我独尊”也不过分。但是在现实当中，日本仍然觉得自己略胜韩国一筹，中国也小看韩国的围棋水平。作为新的突破口的世界级大赛之路在老师面前并没有打开。

职业舞台非常遥远，在国内围棋界没有可以再往上攀登的地方。现在回想起来，我觉得那时候的老师一定觉得特别孤独。

职业棋手们大部分都在即将退出职业舞台的时候才接收弟子。作为韩国围棋界的第一人，不管是从年龄上来讲还是从体力上讲，老师都处在巅峰时刻，在这个时期收弟子是前所未闻的事情。让人难以想象的事情之所以会发生还多亏田老师恳切地拜托，另外，会不会是因为老师领会到了顶峰的孤独？

老师对我的第一印象好像和田老师的差不多。天才在人群中，就好像锥子藏在布袋里一样锋芒毕露，但我看起来和那种类型相距甚远。朦胧的目光和多少有点趋于肥胖的形象不仅愚笨，而且语言表达能力也欠佳。

第一次指导对局的时候老师赢了。我的棋风并不同于我的同龄人，甚至于让人感到我的行棋十分迟钝缓慢，我的这种棋风虽然很特别，但是跟老师的棋风却完全相反，老师的棋风迅速而轻盈，所以后来听说当时老师对我并没有什么特别的兴趣。肯定是不管怎么看也觉得我们俩不可能有师徒之缘吧。

但是在第二次来全州与我对局时，老师改变了对我的看法。在第二次对局的时候，让子数和第一次一样，老师让我三子，但是内容却跟上次很不一样。在短短不过一个月的时间里，我好像从上次的对局中悟出了什么。我的这种样子让周围的人们感觉到了一种“深入骨髓的力量”。

老师也被那种不知道是什么东西的力量所吸引，最终接收我为弟子。对我而言，这是我进入围棋世界以后的第一次决定命运的瞬间。身为正处于巅峰状态的现役棋手，还和自己父母住在一套窄小的房子里，老师就在这种境况下还是收下了9岁的我作为弟子——韩国围棋界的第一号内弟子，并带着我一起生活，这并不是件容易的事情。我们从此结下了师徒之缘。其实，老师在日本留学时自己也曾做过别人的内弟子。老师肯收留我，是因为一方面感受着比赛的枯燥与君临天下的孤独，另一方面对一个天赋尚待考证的少年抱有某种好奇心。能这样与老师结缘，我只能说我太幸运了。

对于全州的家人们，我的首尔之行给他们留下了深刻的记忆。家人们单凭我成为当时韩国围棋界绝对第一人的弟子的事实就非常高兴了，虽然如此，他们对我的首尔之行也不无担心。

事实上我很胆小。不知道为什么会这样，尤其是特别害怕自己一个人独处。虽然会为了弟弟和高年级的孩子打架，但勇敢的"摔跤王"只在白天存在，晚上睡觉的时候，必须有爷爷或者奶奶或者是某个家人陪在身边我才能安心入睡。这样的我自己下定决心去首尔，在家人们看来这是件名副其实的大事件。

但是一想到要把年少的我自己一个人送到首尔，家人们的心里其实并不是滋味。自从开始学围棋以后，我虽然经常去首尔，那都只能算是在爷爷或爸爸的陪伴之下的围棋之旅，并不是离开家人独自出来生活。

虽然我是一个极害怕独处的人，但我最终还是下定决心离开家人在首尔生活，这也足以证明我对围棋的执著。虽然是一个巨大的冒险，正是因为我对围棋的渴望远大于害怕，才下定了"独自一人去首尔”的决心。

我作为内弟子入门的决心下定之后，原来在禾谷洞生活的老师搬到了莲花洞。因为我进入到老师的家庭，而且当时师母即将临产，需要一个比较大点的房子，所以做出了这样的决定。搬家两个星期之后师母顺利地生下了二女儿，在那四天之后我来到了首尔，进入老师家，正式开始了我的内弟子生活。

那时候在韩国还不存在关于内弟子的制度。所谓的内弟子是日本根深蒂固的徒弟制度嫁接到围棋界而形成的形态，指到老师的家里和老师一起食宿起居学习棋术的弟子。

老师也曾被因为收我为徒这件事引发的人们的各种猜测困扰，“现在刚刚32岁收什么弟子”，“昌镐家是全州地地道道的富人家，估计是需要钱了”，“听说每个月收取昂贵的授课费，入段之后还会给巨额感谢费”……但是所谓的内弟子并不是这样的。就像老师在日本留学期间，老师以内弟子的身份进入到濑越宪作先生家免费接受指导一样，老师对我也没有收取任何代价。

就这样我进入到老师家开始跟老师学习下棋，谁也不会想到仅仅在几年之后，我会在锦标赛上向老师发起挑战。不管是老师还是我，老师的家人还是我的家人，谁都没有想到我在不久的将来会跟“围棋界的第一人”——我的老师在锦标赛上相遇。

“曹薰铉是在韩国围棋史上收内弟子的第一人”的消息在贯

铁洞（韩国棋院钟路会馆）传开以后，老师的同事们都对他开玩笑说："养虎为患，以后会不会被反咬一口啊？"每当老师听到这样的话的时候，都会用他特有的速度感带着哭腔这样说："输给弟子是一件多么幸福的事情，那也得10年之后才会发生吧！"惹得大家一片笑声。

来到首尔后，我转学去了梨花女子大学附属小学，从那以后我在老师家和老师一起生活了7年。我的房间位于2楼。为了解决我自己一个人不敢睡觉的问题，我和老师的父母一起睡。老师和师母知道了我自己一个人不敢睡觉的习惯之后对我照顾得十分周到。从那时开始我就管师母叫"小妈"。从此我有了第二个家庭。

练棋练得太晚了需要一个人睡的时候，我只有在开着灯、开着门的时候才能够入睡。师母一开始并不知道我的这个习惯，会帮我把灯关上，但是第二天早上肯定会发现我的房间的灯是亮着的。因为莫名的恐惧，我时常醒来，所以一定要灯亮着才可以再次安心入睡，即便是这样，因为对围棋的热爱，即便是睡着又醒来这样反反复复的折磨，对当时的我而言也是一种幸福。

所谓天才也不过如此

7年里我从未闯过什么祸，也从不胡闹，如同"一个隐形的孩子”那样默默无言。开始学习围棋以后我身上“谨慎小心”的特质被逐步发现，而生活中的这种“隐形”或许正是自身特质的一种表现吧。

但我的“谨慎小心”显然早已超出棋盘的范围。比如走路的时候我都会十分留意，踮着脚，不发出一点声音。如同母亲一样的师母曾说过这样的话：从没有听到他爬2楼时出过大声，哪怕是一次。看着我过分的小心敏感，师母心里都有些不是滋味。

可是，我对除此之外的日常生活就有些漠不关心了。运动鞋的鞋带开了也不知道重新系好。好在我也不会感到不方便，就一直那样趿着鞋直到有人帮我系好。现在回想起来，或许是由于当时把所有的注意力和情感都放到了围棋上，而对于现实生活中周围人的真心、环境的变化等都感觉不到了吧。

对于师母，那位一直用慈爱的目光关注我，无微不至照顾我的师母来说，我也是一个不惹人宠爱、有些冷漠的孩子。有时师母特地为我准备了好吃的，而我事前不打招呼，回来便只说一句“已经吃过了”就直接钻进自己的房间。虽然内心充满感激和歉意，但是我找不到表达的方式。

我是以研修生5级的身份加入韩国棋院的。从学校回来后坐30分钟的公交车到贯铁洞的韩国棋院；下午4点到7点与其他研修生对局；回家。这便是我一天的日程。老师早回家的时候，便会叫我把当日的对局进行复盘[1]。

老师的指导方法并不是简单的对弈，而是通过复盘的方式指出棋局中的重要部分，引导我自己转变想法或者想出新的行棋方式，可以说，老师教给我的是自由的、有充满可能性的解决方法。

老师说一对一指导下棋是和抓鱼一个道理，首先放手让我自己在各个地方抓鱼，结束后便和我一起来审视：哪个地方鱼聚集得多？该什么时候撒网？像这样挑重点指导我。

惭愧的是，我会时常在复盘时出错。老师特别不解：一个水平接近职业棋手的家伙竟然不会复盘（即使是业余棋手，有了段位后也是能够复盘的）？而我自己也时常为此叹息。

我下棋给人以非常迟缓、愚拙的感觉，同时又是连自己下过的棋都不能复盘的弟子。老师却从未试图要改变我的方式，虽然不甚满意，但老师仿佛坚持着这样一种哲学：你的围棋是由你自己的气质构成的。他把我下棋中错误的地方指出来，然后引导我自己修正。即使看到我一团糟的棋局也绝不流露出失望的情绪。现在回想起来，我的老师不仅仅是围棋斗士中的顶尖高手，更是一个无人能超越的指导者。

很快老师就看透了我，发现了我的特点，并对亲近的人这样说：

“真是个特别的家伙。连复盘都不会，像个白痴一样，棋艺

① 已经完成的棋局按照当初的下法重新下子，通过这种方式来提高棋艺。

竟还能不断进步，少见啊。他的序盘布局很一般，行棋也有些拙劣，但巧妙的是这些都能够很好地顺应局势。计算也比我要胜出一筹。这个家伙果然跟我不是一个流派的啊。应该是个才能内秀的天才。”

但针对这种观察和断言，当时周围的人只把它看做是老师对弟子过分宠爱的夸大之词。

对自己在无法预料的情况下犯的错误不必太在意，
但是因为自己的轻率，一时激动而出击，
明知故犯的错误导致整个对弈输掉的记忆
时常浮现在我的脑海里。
人都会犯错，但是因不知而犯下的错误和
明知故犯的错误应区别对待。

越想得到，就越容易失去

1984年11月，我参加了入段比赛，但是在预赛中就被淘汰出局。周围的人觉得我这次出战只要略微体验一下职业入段大赛的氛围就可以了，并没有对我抱很大的希望，可是这次失利给我带来了巨大的挫折感。

我那天躲在回家路上一条没有人的胡同里，一个人大哭了一场。在我的脑海里总是浮现出教我、照顾我的老师和莲花洞家人的样子，往返于全州和首尔间的爷爷和爸爸的样子。因为觉得不好意思，对不起他们，眼泪总是不自觉地往下流。

我贴着韩国围棋第一人“曹熏铉的内弟子”的标签，充分地吸引了人们的目光。不管是韩国棋院的新闻室还是贯铁洞一带都传开了我在入段大赛预选中被淘汰的消息。此时怀疑我能力的人们暗暗地撅起了嘴巴。

“什么呀，听说是全州的神童，看来也不过如此嘛。既然是曹熏铉的弟子怎么也得通过预赛啊！”

“话不能这么说，曹国手教了他也才没几天，况且他也只不过是个9岁的孩子。”

“这是什么话，曹熏铉也是9岁的时候就入段了啊！”

“啊哈，那时候和现在能一样吗？不能拿这个和当时曹熏铉入段相提并论。而且像曹薰铉这样的围棋天才一百年才有那么一个半个的。”

“不管怎么说李昌镐好像不是那样的天才，眼神看起来也像在犯困，总之有点沉默寡言。”

在预赛中尝到失利的痛苦之后，我延长了每天练棋的时间，并且制定了研修生级数每3个月升一级的目标。

在跟研修生们的比赛中，胜率达到70%以上就能升一级，只有30%的话就会马上降级。跟爷爷奶奶们睡在一起的时候，我暂时把对不起他们的心情收起来，每天晚上都会练棋到凌晨一两点钟。在老师的书房里有他积攒了数十年的无数的棋谱和书籍，那里就是我的宝物仓库，不久后那里的书就都被搬到我的房间里了。

我始终坚信付出就会有回报。1985年秋在所有的研修生中我第一个取得了一级。

然后在不久的11月，又到了职业入段比赛的季节。这一次一共有12名自由联赛选手在资格赛中角逐。我对这次入段比赛充满了自信，并且竭尽了全力，可是结果并不尽如人意。比赛第一天我的战绩是3战3败。

第二天又是两连败。我在去年的入段比赛失利之后延长了每天练棋的时间，并且尽了最大的努力，可是两天下来我又是5战5败。倍感凄惨的我又找了一个没有人的地方，一个人躲在那里流泪。此时翘首企盼我入段的爷爷和爸爸的脸庞浮现在我的脑海里，我觉得太对不起他们了。

现在比赛还没有结束，就算是从现在开始也要奋勇往前追。回到家以后我把在比赛中输过的对局在老师面前重新摆了一遍。

老师对我没有任何训斥，我惭愧地在老师面前抬不起头来，无言以对。只是通过用手指夹起棋子，移动棋子来传递我的想法。复盘结束后，我回到自己的房间把刚才老师给我指点的败着看了一遍又一遍。

从入段比赛的第三天开始，我的心理出现了变化。五连败之后的极度逆转——六连胜。

难道仅仅过了一天实力就有了这么大的进步吗？回答是否定的。平凡的人在深山老林的洞穴里偶然遇到了奇人，一夜之间变成了武林高手，这样的场景只有在武侠小说里才会出现。

我当时已经差不多具备了入段的实力，但是没能完全发挥出来。这主要是因为每当我参加重大赛事的时候，心理负担都会特别重。家人和老师对我的期待，周围人们的关心，这所有的一切综合到一起压抑了我的思考能力。如果把我的这种现象解释成大型比赛对一个孩子而言的确是个很大压力的话，我自己并不能够接受，因为这其实是对自己失误的宽容而已。

后来想想，我虽然对自己在不能预料的情况下犯下的错误回想时觉得没什么可在意的，但是由于我的轻率造成的失误继而输掉整盘棋的记忆却一直留在我的脑海里。或许每个人都会犯错，但是因为自己的轻率，明知道是错误的还要犯，那就应另当别论了。

可能那时候我的脑海里充斥着“一定要赢”的想法，阻碍了我的正常思维，才导致了这样的结果。扔掉“强迫”，选择“投入”之后我才又找回了我以前平静的感觉。

因为比赛初期我的成绩十分不佳，导致了我1985年的入段又一次以失利而告终。我的生活又恢复了往日的平静。放学以后去韩国棋院，从下午4点开始和研修生们一起下棋，7点回家，每天都沿着既定的轨道默默地走着。

沿着单调的日常生活轨道一路走来的我进入了“康德的世界”，“早上低着头从2楼下来，晚上又低着头上2楼去”，这是某报社记者对我的描述，十分贴切。这位记者通过师母对我的记忆描写了我日常生活中的一个最重要的场面。

“深夜时，也会从昌镐的房间里传出下棋的声音，时而在半夜醒来的时候也会听到下棋的声音。嗒、嗒……的声音震动着空气，充满了整个家。”

这个时期我的生长发育速度开始一点一点地慢了下来，我本来就话不多，这段时期变得更不爱说话了。我们三兄弟中，大哥光镐在上初中的时候个子就超过了180厘米，弟弟英镐的身躯也仅次于哥哥，十分健壮，而小时候最健壮的我现在却成了三兄弟中身躯最弱者。难道是因为我对围棋太投入了吗?

有一种叫作“爱因斯坦症候群”的东西。

我自知我无法和天才物理学家爱因斯坦相提并论，但是在各个领域有超群能力的人有很多都是很晚才会说话或者是语言表达能力不如常人的。例如著名钢琴家鲁宾斯坦，印度的数学天才拉马努金，曾获得诺贝尔奖的经济学家加里·贝克尔（Gary S.Becker），物理学家理查德·菲利普·费曼都是如此。

神经科的学者们通过解剖爱因斯坦的大脑发现，爱因斯坦之所以说话的功能发育较晚是因为他的大脑极度发达，异于常人。爱因斯坦的分析性思考能力超于常人，大脑区域远远超出正常人所占的区域，控制语言能力的区域被控制思考分析能力的区域占领。

这种现象是因为大脑的某个部位超出正常水平过度发达，以至于侵占了其他资源，导致大脑的其他部位发挥正常功能所需要的资源无法得到满足。只有整个脑部发育生长所需要的资源被充足时所有的功能才能正常发挥。

也许我的语言机能及生长发育所需要的大部分能源被控制围棋的部分侵占了。

踏入职业的门槛

1986年是我永远不能忘记的一年。这个时候大家都评论我的围棋水平在研修生当中是最高的。没有任何人怀疑我这次将入段成功。

但是谁也不能对起伏不定的研修生的胜负下定论。位于下位组的研修生们打败上位组入段成功的情况也发生过不止一两次了。我看着日益临近的入段比赛日期，开始紧张起来。与棋艺无关的不安感，像影子一样隐隐约约地出现在我的心里。

从7月23日到8月1日是第五十四届入段比赛的时期。一直占据研修生第一名的我顺利入围，在一共有9名研修生角逐的双循环赛中我又出乎人们的意料，在第一天的比赛中输掉了两盘，强迫症又重新上演了。

如果那时候没有爸爸安慰的话又会是怎样一种结果呢？小时候一起在地上铺上被子摔跤，跟着我们一起去游戏厅的爸爸，一直默默地守在比赛会场周围，此时他向我走来了。

“昌镐啊，输了也没有关系，下次不是还有机会嘛。”

因为第一天接连输掉两盘，我又陷入了自责的漩涡，但是听了爸爸的一席话之后，我的内心平静了许多。每当有重要比赛的时候，我内心产生的强迫感就向我袭来，因为有了爸爸的安抚，我才能战胜这种感觉。我的内心重新恢复平静之后，我在剩下的比赛中获得了六连胜，和去年入段比赛时的情形差不多，在连续输棋之后发生大逆转。

最终我在这次入段比赛的战绩是6胜2败1平。我生于1975年7月29日，在我满11岁零两天的时候，我终于突破了职业棋手的关门，入段成功。在韩国我是仅次于老师的第二个最快入段的棋手。

此时爷爷躺在病床上听到了我入段成功的消息。爷爷是对我的围棋人生影响最大的人了。爷爷患上了肺癌。入段得到确认后我回到了全州，第一件事就是去拜见了爷爷。

听到我入段的消息以后，爷爷开心得像个孩子，当时的情景我现在还历历在目。爷爷在这一年的11月离开了这个世界，瞑目之前家人焦急地找到了正在首尔对弈的我。

爷爷给爸爸留下了“不管付出多大代价也一定要把昌镐培养

成世界第一的围棋选手”的遗言。爷爷的这个遗言是我在KBS棋王赛中获得我平生的第一个优胜头衔的时候才听到的。

教我下围棋，看我下围棋，爷爷度过了幸福而快乐的晚年，为了让我入段，爷爷也付出了所有的力量。

在人生的晚年，爷爷过着道人一般的生活，悠然自得，可是唯独在处理与我有关的事情的时候，爷爷十分着急上火。

爷爷一听到“老师不跟我对弈”的话就忍不住了。明明知道这样不礼貌，可是爷爷每次来首尔的时候都要带我去找田永善老师对弈。

很多人跟爷爷解释老师的指导方法，对内弟子的授课方式就是这样的（不是一对一的对弈指导），可是爷爷就是听不进去。

在那样精诚企盼下，在那样的无尽渴求中，我的爷爷终于在看到孙子取得职业段位后才安慰地闭上了眼睛，这也算是我在无尽悲痛中的一丝安慰吧。

儿时的我（中）与父亲、弟弟李英镐的合影

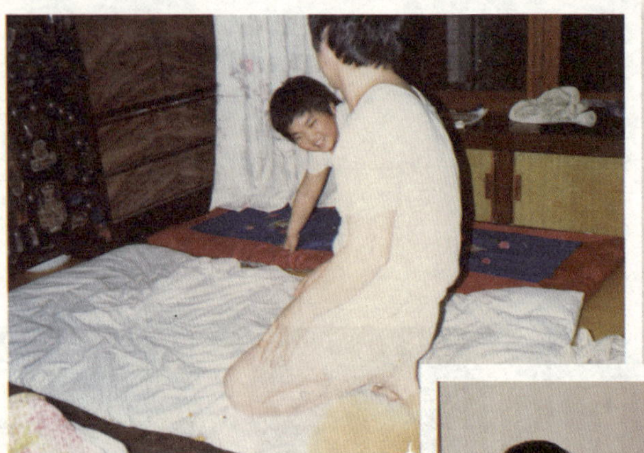

儿时的我与父亲一起摔跤

父亲、母亲、弟弟和我

弟弟李英镐的生日（右一是父亲）

我与亚军金秀壮九段在 KBS 棋王战的颁奖仪式上

第二章 拼搏

通常，在一决胜负的时候，人们总会不断提醒自己：一定要尽可能地小心翼翼。静止不动的时候要谨慎地等待，一旦前进就不能失败，因而不动时不能显露丝毫的蛛丝马迹，要慢慢地牵制对手。

职业首战的胜利

从成功入段那一刻起，我作为职业棋手的第一次对弈成了人们议论的话题。因为像我年龄这么小就成为职业棋手并活跃在棋坛的人，在韩国棋院的历史上是前所未有的。过去偶尔有过在年龄达到15岁之前便入段的职业棋手，但是刚过10岁的年纪就入段的少年棋手我是第一个。我的老师在9岁时就入段了，但是他在入段后不久就去了日本，并在日本重新入了段。12岁入段的崔珪昞教练进入大学后，实际上离开了围棋的胜负舞台。所以实际上，我便成为了韩国棋院最早入段的最年少职业棋手。

1986年8月28日，在乙组（四段以下）的升段比赛场上，我在开赛前的职业称号授予仪式上获得初段的称号。根据周围人的记忆，我当时在获得此称号后，在人们面前像个傻子似地眉开眼笑。虽然有点不好意思，但在授段之后，我才意识自己真的是职业棋手了，好像当时按捺不住内心的喜悦才会高兴成那副模样。不管怎么样，当我们得到了以前没有过的东西，特别是如果这不是轻而易举就能得到的东西的话，我想谁都会跟我一样的。

我成为职业棋手后的第一个对手是赵英淑教练。赵教练是在我出生那年入段的韩国棋院的第一个女性职业棋手，她给我一种慈母般的感觉。授段仪式结束后，我压抑住忐忑不安的心坐在了比赛的座位上，但是赵教练却一直没有出现。

5分钟、10分钟过去了，我前面座位的主人一直都没有出现。过了20分钟以后，我放松了刚才的紧张坐姿，开始观看周围的对弈。在观看大人们的对局时，我渐渐忘记了这第一次作为职业棋手的对弈，忘记了一直都未出现的对手。

赵教练在对弈正式开始30分钟之后终于来到了对弈室。当时看到我好像吓了一跳的样子。

“哎呀，昌镐，是你吗？见到你真是太高兴了！”

在整个对弈的过程中，不管内容如何，赵教练一直以明朗的笑容和温和的态度对我，在这种舒服的氛围下，胜利才会莅临于我。我在这次对弈中取得了胜利，这是我作为职业棋手在正式比赛中取得的第一次胜利。我很容易在大赛中紧张，但托赵教练的福，我登上职业舞台的第一场对弈不是在杀气腾腾的气氛中取得胜利，而是一场如同接受鲜花般的祝福一样值得我回忆的比赛。

入段之后第一年，令我记忆最深刻的对弈不是正式比赛中的某一场，而是一次活动中的对弈。1986年11月23日，入段不过4个月的新手坐在了数千观众面前。“88”体育馆里举办的KBS围棋大庆典为了弄出一点高潮，特别策划了刘昌赫教练（当时三段）和我的这场“新风对局”比赛。

这场比赛不是在安静的韩国棋院而是在有数千观众在场的体

育馆里举行的，而且KBS电视台现场直播了这场围棋对局。虽然下意识地想要不被周边嘈杂的环境所影响，但是并不容易做到。

看到在某月刊杂志上登出的“以沉着冷静著称的李昌镐不知不觉脸也变成了红色”的报道，人们对我当时的表现好像还历历在目。

对于这场对弈，观察者们都觉得刘教练占有优势。我只是个入段不过4个月的雏鸟，而刘教练已入段3年，并且于1986年的探险对局中在和韩国围棋界的绝对强者——我的老师的对弈中取得了三连胜，成为当时最被看好的棋手。他是已经在各种围棋赛事的决赛中历练过的强者，所以理所当然大家也会做出上述展望。

但是比赛结果却出乎了人们的意料，赛事最终以我的胜利而告终。在对弈中，我利用刘教练对我的疏忽麻痹，在中央区域利用手筋[①]最终反败而胜。这场比赛比起单纯谁赢谁输的结果，大家更关心的是“最年少新秀”和“最有潜力棋手”之间这场对弈的特别意义上。对我而言，这场对弈使我发现了自身具有的可能性，让我产生了自信感。入段第一年，我的成绩是8胜3败，胜率为72.7%。

---

① 译者注：手筋指棋手处理关键部分时使用的手段和技巧，也指双方棋形的要点和急所。

成为决赛圈中的鱼

成为职业棋手以后，我转学到了冲岩小学，因为梨花女子大学附属小学不承认围棋特长生，不管你的围棋水平有多么出众，旷课是绝对不允许的。相对而言，冲岩小学对有围棋才能的学生有很多特殊待遇。这里所说的特殊待遇，是指有正式对弈的时候可以不去学校。而对于刚刚入段的我而言，其实把对弈称为我的“全部”也不过分。

职业入段以后，围棋对我的意义也发生了一些变化。在业余棋手期间，围棋对我而言最终要的是给我带来的乐趣，而自从把成为职业棋手作为目标并达成之后，就再也不能拥有作为业余棋手时纯粹的快乐了。

这是理所当然的。当兴趣成为一种职业，成为赖以生存的手段以后，胜负结果就直接和收入挂钩，不可能再感受到业余棋手时期围棋所带来的快乐了。胜利的时候，能够感受到业余棋手感受不到的喜悦，但是输的时候也会体味到业余棋手觉察不到的痛苦和烦恼。

我因为围棋比赛的原因几乎不能去学校上课，但是我通过冲岩研究会认识了梁宰豪、刘昌赫教练等同一学校的前辈们。作为不能去学校上课的补偿，我除了结识了许多新前辈，听了他们讲的许多关于围棋的事情以外，生活如以前一样平常，没有什么特别的变化。没有对弈的日子，我几乎会在韩国棋院4楼棋手室旁边的小研究室里度过我大部分时间。在这间特别为年轻职业棋手和研修生们准备的房间里，我和冲岩的核心人物崔圭炳、梁宰豪、刘昌赫等一起学习棋艺，这其中也有当时还没有入段的我的同龄人尹成贤。

在练棋的间隙我们会跑到楼顶打一会儿乒乓球，乒乓球是我除了围棋以外唯一一个擅长的游戏和体育运动。虽然小时候的梦想是做“天下壮士李昌镐”，但这个梦想在记忆中渐渐模糊，变得十分渺茫了，然而我并不觉得可惜。对我而言，没有什么能比围棋给我带来更多的快乐了。

进入1987年以后，我的胜率达到了80%，并迅速在6月份升到二段，创造了入段后在最短时间内升段的记录，9月份，我又突破预选赛站到了决赛的舞台上。

第一次登上职业棋战决赛舞台在业内被称作“钻鼻子眼”。小牛们长大以后就要在鼻子上被钻孔拴上牛鼻圈，在这里比喻新晋职业棋手们第一次站在淘汰赛舞台上的情形。我在1987年9月举行的第十三届国棋战[①]上突破预赛，进入决赛十六强，获得出线权，被“钻了鼻子眼”。

“仅仅是个决赛权选拔而已，没有什么大不了的。”

现在可能会有人这么说，但是在当时，国内棋赛的预赛根据单位等级分为1 ~ 3次比赛，像我这样初出茅庐的新手能够进入决赛，简直比摘天上的星星还难。

---

①《倾向新闻》（韩国著名的报纸）主办的围棋比赛。

经过第一次、第二次预选后，在第三次的预赛中要和六段以上的高手们角逐，要想进入决赛，最少需要取得八至九连胜才可以，碰巧我在第三次预选赛上的对手是田永善教练。对弈结束后，田教练笑着说："本来还想教你些东西，现在看来不必了。"

虽然很多老师在被弟子战胜后会很高兴地说"真是青出于蓝而胜于蓝"、"长江后浪推前浪"之类的话，但是比赛结果直接跟自己的收入有关，所以作为现役职业棋手，承受了失败的痛苦，不会甘心地像上面的谚语说得那样简单。但是田教练对于我战胜他这件事的确比我自己都高兴。

12岁就进入决赛，这是在当时史无前例的新记录。如果输掉立即就被淘汰出局，我通过了如此严格的预选赛而进入决赛，受到的待遇完全不一样，那就是"在宽阔的水里玩耍"的意义。就这样，在我入段1年零1个月后，成为了决赛场里的鱼。

田教练曾经对我说过："作为职业棋手，一定要具备3个条件，那就是奇才的特质、良好的身体条件（具有可以长时间对弈的体力）、家庭的支持。只有具备了这3个条件才能有望取得大的胜利。"

同时，我的老师也这样评价过我："对学习有恒心，而且具备胜负师①的气质，看来进步会很快；对围棋有深厚的兴趣，战术看得很深，这两点是你的长处。既擅长棋路计算，在抢占实地

---

① 译者注：围棋术语，指以胜利为目的的人。也指能够掌控局面，常获得胜利的人。

方面也展现出了强劲的势头。”并且老师也给我这样的忠告和鼓励：“偶尔也出现过因为意外失误导致整盘棋都输掉的情况，但是相信经过一段时间会好的。”

“昌镐的棋风与年龄很不相符，特别镇定，从不轻易动摇”，“在面对围棋盘的时候好像没有任何不必要的杂念”，“通常不太值得注意的区域也下得谨慎细致”，“注意力会朝最需要的方向集中”，很多韩国棋院的前辈棋手们给了我很多好评，这是我特别得意的一段时间。

减少失误即为成功

这期间，我通过研究和老师的对局并不断反推对局，得出了这样的结论：“围棋竞技的胜利属于少失误的一方。”

这便是我尽量回避对杀的本质原因。回避对杀并不是因为害怕对杀，而是害怕对杀过程中的诸多变化会导致不能预见的失误。

“是故百战百胜，非善之善者也。不战而屈人之兵，善之善者也。”《孙子兵法》如是说。意思是：通过战争，百战百胜让敌人屈服，并不是最好的方法。不进行战争便使敌人屈服才是上策。

通常，在一决胜负的时候，人们总会不断提醒自己：一定要尽可能地小心翼翼。需要前进的时候要考虑周到，动作细致绵密；需要静止不动的时候要谨慎地等待。一旦前进就不能失败，因而不动时不能显露丝毫的蛛丝马迹，要慢慢地牵制对手。

从围棋入门开始，通过不断学习，我在有意无意当中树立了稳固的价值观，那就是“厚实”。

围棋评论家评价我的策略是“不断扩大起火面积”。一开始的时候我并没有以此为明确的出发点，而且也不具备这样条理清晰的理论。但事实上我是凭感觉朝着这个方向努力的，我意识到并确实是沿着这条路走的。我所追求的“厚实”是足以抵挡攻击的坚固，同时它又包含了明确的“实地”的概念。

后来随着“厚实”成了我的代名词，我时常被问道：“厚实”和“实地”您更偏好哪一个？我认为“厚实”的最终目的就是为了得到“实地”，因而两者说到底是一样的。从这个角度来看，我其实是喜欢“实地”的。

许多前辈棋手们这样评价我：“刚入棋坛的时候李昌镐的棋很弱。并没有什么特殊的才能足以引起人们注意，非常平凡。”但是，仅仅一年之后，像这样的看法都转变了。职业棋手都是靠成绩来说话的，而当时的我取得了颇受瞩目的成绩。

关于我的围棋，人们的评价有一个共同点：老棋；不像是孩子下的棋；给人一种历经人生沧桑的老者的感觉。

每次对弈结束我都会得到一个新的别名。比如“石佛”、“姜太公”、“扑克脸”……而我也不满足于打入决赛，1987年，我以四段以下胜局第二名（44胜1败）、年终胜率第一名（80%）的成绩提交了年终成绩单。

敏而好学不耻下问

1988年年初，我再一次成为了人们的话题中心。因为我在第十三届国棋战决赛八强比赛中一举战胜了当时韩国最强棋手曹薰铉——我的老师，以及与老师共同推动韩国围棋发展的徐奉洙九段，并挺进了四强。现在初段战胜九段的新闻是家常便饭，并没有什么了不起的。但是当时，新手和国内围棋中坚力量的棋手在棋技方面存在明显的差距，不同等级之间权位严格划分开来，这次颠覆常情的胜负结果刹那间成为了大新闻。

那天是1月25日，星期一。在韩国棋院特别对弈室里正在进行着两盘决赛级对弈。一盘是老师参加的Bacchus杯的决赛对弈，另一盘是角逐国棋战四强的重要对弈。

记者们当时好像对徐教练和我的对弈并没有什么兴趣。大部分观战者们可能想“昌镐虽然现在上升势头很旺，但是还不可能战胜徐名人”。

中午过了不久，在老师参加的Bacchus杯比赛中，以老师的全胜而结束了比赛，对弈室里只剩下徐教练和我两个人。观战者寥寥，对弈室十分寂寞而安静。只能听到偶尔从围棋盘上传来的“嗒、嗒”的落子声。

在让人倦怠的下午，早早落山的太阳余晖透过窗户进入对弈室，把徐教练的脸映成了红色。不知不觉到了最后的局面，盘面[1]零零碎碎地只剩下几处空位。在这一刻徐教练和我都知道了胜负结果，又进行了几次战术安排后结束了这局比赛。执黑的我剩下7目，最后黑棋以1目反败为胜。

我在对弈结束的这一瞬间并没有看对方的脸，那时候我的视线几乎固定在围棋盘上了。直面失败一方的脸的这种事情，不知道其他人是怎么做的，但对于当时年少的我而言，是一件特别歉疚不安、过意不去的事情。

当时的记者们是这样报道的："打败徐奉洙巨头的李昌镐定下了目标"，如果被观察力敏锐的人看到了当时的情形，会不难发现我在面无表情的背后努力压抑着我不适的心情。至少我当时并不是大家所说的"扑克脸"的表情。

比赛结果暂且搁置不说，对弈结束后我们第一时间进行了复盘。徐教练很快就恢复了明朗的表情，并一边指着棋盘一边问了我很多问题。虽然我的声音像蚊子哼哼一般连自己都听不太清楚，但是徐教练很努力地听清楚我的回答，并不时地称赞我"下得很好"。

他突然呵呵呵地笑起来一边说："昌镐能够作为挑战者和曹老师对弈就有意思了"，一边直勾勾地看着我的脸。在那之前我并不知道徐教练身上还有调皮的一面。所以被他冷不丁的玩笑吓了一跳。

这件事给我一种特别奇妙的感觉。复盘的时候没觉得有什么

---

① 指棋盘上的局面。

别扭的，徐教练像开玩笑似地向我提出很多问题，虽然都没什么大不了的，但是里面装满了真心。从那以后徐教练偶尔会给我打电话，他在下棋过程中遇到的一些问题会问一下我的看法。向不是同龄人，尤其是向比自己小很多的后辈棋手问有关招数的问题，实在不是一件容易做到的事情，但是徐教练经常很自然地给我打这种电话。

就是那时我从徐教练身上学到了“不耻下问”的姿态。不知道的就要问。向比自己地位低的人问问题不用害羞。那种行动本身就非常重要。

愉悦地接受比赛结果并清楚认识到问题所在，也许这就是推动徐教练围棋水平不断前进的动力。虽然大部分人都知道对弈结束后的复盘对失败的一方更有利，但是很少有人能这般坦然地接受败果。

还有一点是即使不知道公式，不断地寻求答案最终发现公式的这种令人惊叹的执著。徐教练本人在围棋入门阶段就表现出了这种态度。

徐教练的围棋之路开始得并不早，是自己天天围着家附近的棋院转悠，未经任何人的介绍自己进入了围棋世界。大部分的奇才都是在周围人的引导和保护之下迈入职业门槛的，而徐教练和大多数人的成才过程完全不一样。

1970年，17岁的徐教练入段，在不久之后的第二年就包揽了初段名人的所有挑战权，并且在挑战赛中升到二段，获得了名人的称号。那时候的徐教练18岁。与那些很早就开始学围棋并在各种呼声中成为职业棋手的奇才们相比，徐教练反而以更快的速度在20岁之前就登上了围棋的顶峰。

在韩国，哪怕只有一次站到过顶峰的职业棋手都会被授予“国手”的称号。当然，“国手”首先必须是职业棋手。比国手赛[①]奖金更高的比赛有很多，但唯独大家都喜欢国手这个称号，其中的原因是只要获得国手的称号，就会被延伸到更高的荣誉和意义，例如“全国棋艺最高”等。

徐教练曾经两度获得过国手的称号，但是却没有人称呼他为“国手”。因为徐教练在18岁时挑战初段名人、争取二段名人时，着实给人们留下了过于强烈的印象。

徐教练跟任何人都不一样，他是独自一人走向围棋之路并到达顶峰的另类名人。所以他成为了韩国围棋界唯一的“名人”。无论是职业棋手还是业余棋手都管他叫“徐名人”。

徐教练的直观意识和主观意识比任何人都强。因为没有老师的指导，独自一人钻研棋术，也许正因为这样在一瞬间达到了顶峰，使他和所有其他棋手的思考体系很不一样。除此之外，在围棋界还广泛流传着“徐奉洙语录”。

“所谓的围棋就是在木板上摆上石头。”

“遇到不好斗的对手，我自己也发挥不好。所以燃起对方心中的怒火，也是我奠定胜利的一种方法。”

“我无法理解整天啰啰嗦嗦把爱、和谐、谅解、理解随便挂

---

①《东亚日报》主办的围棋锦标赛。

在嘴边的人。我觉得憎恶、攻击、挑战、斗争、报复等杀气腾腾的词语更真实，更加贴切。”

“一定要赢，一定要赢，每天一定要在本子上写下这句话。每天脑子里都要想着胜负。为了不让心软下来，每天都要跟自己重复这样的话。”

“如果真有围棋之神的话，那么在神的眼中什么所谓的胜负策略、气势等模棱两可的话语一定显得很可笑。在神的眼里只能看到好棋和臭棋。所谓的胜负策略、气势只不过是人们无法完美地解读而产生的词语而已。但是在决胜负的时候，气势和运气也起着非常重要的作用，因为当处在难以区分胜负的困难局面时，大多数人的心理防线会变弱。”

“说我是天才？我创造成绩非属正常？对不起，我不知道天才和非天才、正常和非正常间的差异。不，不是，这之间并没有什么差异吧。”

“我想利用给我的所有时间，每盘最后一分钟倒计时。这个时间最能体现出对弈时棋盘前面的那个人的精神状态。快棋[①]太轻率，没有意义。在短时间内赢棋基本跟运气有关。我保证快棋绝对不能下出好的对局。”

老师给我种下了无限的想象力和创造精神的种子，徐教练给我展现了激烈的求胜精神。两位都是我伟大的老师。

---

① 短时间内快速对弈的围棋。

温故而知新——复盘的力量

棋迷们总是怀着美好愿望期待有新英雄出现，他们希望打败徐奉洙教练的我能够借这个势头登上挑战者的舞台，但是我并没能像他们希望的那样成功。在国棋战四强比赛中，我被卢永夏教练击败止步不前，而后又在紧临的5月举行的“台风对决”中败给了安官旭业余6段。

身披“常胜将军”称号的我，一直给人以围棋生涯前途无量的感觉，但是我却败给了业余棋手。这不仅让我的棋迷们觉得很意外，也给了我不小的打击。

在之后，1988年6月日本举行了第一届IBM早期公开赛。我成为了韩国远征队中的一员。我在第一轮比赛中战胜了日本老将铃木六段，进入了第二轮比赛。铃木六段可能因为败给一个小孩子的事实感到很窘困而脸红了，但他很快就恢复了，并让我先不要离开，等待了片刻，只见他拿来两把折扇作为礼物送给我。他的确是位亲切的棋手。

在第二轮比赛中，我遇到了强劲的对手——日本最厉害的新人棋手小松英树六段，他集日本新人王等名誉于一身，备受瞩目。对局时，我由于序盘布局不当最后输了这场比赛。

实力不如对方所以输掉比赛，这是没有办法的事情。但是让给我加油的棋迷们失望了，这让我感到很遗憾。在我感到抑郁之际，意外地遇到了正在日本留学的柳时薰初段，他乡遇故知，我的心情变得特别好。时薰哥和我上小学的时候，在儿童围棋大赛（同龄人围棋王战）中轮番得到过优胜，我们还一起在韩国棋院做过研修生。

和时薰哥一起回到酒店后，我们两人一直对弈到很晚，一边下棋一边说谈，哥哥一边谈我不久前输给安官旭教练的棋一边逗我。

“我在这里每个月都会看《围棋月刊》，听说昌镐你不久前输给了业余棋手。”

“虽然是业余棋手，但是水平非常高。”

“话虽这么说，但是职业棋手输给业余棋手像话吗？”

事实上安教练的水平不比职业棋手差。尽管职业棋手输给业余棋手是一件让人不好意思的事情，但是后来安教练也成功地成为了职业棋手，也算是帮我挽回了点面子。

这时候在我身上发生了这样的规律性，那就是我能战胜顶尖级的职业棋手们，但是一遇到中间级棋手或外国棋手我就会意外地输掉。在韩国，入段初期以疾速上升一段时间后，在重要的关口连续败给了卢英师教练，并且被吴圭哲、朴英赞教练等抓住机会拉下了马。

后来，我和在IBM早期公开赛上让我败下阵来的小松六段于1990年举行的“韩日新艺旋风战”第二轮比赛上相遇，并再一次输掉了比赛，我登上国内棋坛的顶峰之后还多次败给了日本和中国的中间级强手。

有的人曾这样嘲笑过："因为李昌镐只研究了最强者们的围棋，只能对付强者们"，事实上，上面所说的这些失败并不是只有这么单纯的原因。有几个围棋新闻工作者对我做过类似的诊断，说："这是对陌生对手的强迫感。"

客观上，单纯从战斗力来衡量，明明可以轻取的对手我却往往输给他们。这难道不是有实力以外的原因吗？那就是我对陌生对手们产生的一种强迫感。

当然，话不能完全这么说，谁遇到陌生的对手都会觉得不适应，这是事实。如果是第一次遇到的对手谁都可以说互相不熟悉，但是顶级的棋手们的棋谱平时练习得比较多，所以可以说相对更加熟悉一些。反而对我而言，说不定和徐奉洙教练这样的人下棋会觉得更舒服一些。

说不定我的这些失败事例恰好是为了证明我并不是一个天才。像老师及李世石九段这样真正的天才，不管对手是谁都不会丢失中心，有明确的"自己的流派"。不管对手是谁，都会把对方引到自己擅长的领域，用对自己有利的局势完成比赛。

但是我跟他们不一样。虽然熟悉很多战略战术，用以对付那些位于顶峰的职业棋手们，但一旦遇到那些不常过招的棋手就不知道用什么布局有利，该怎么破解当前局面了。相比之下对局反而更加艰难。

密密麻麻写有200个以上招数的棋谱，我的老师只要拿在手中稍微看几眼，就能迅速准确地找出那些下得不慎的招数，他就是有这种非凡的才能。而我看到这样的棋谱，别说找出不慎了，光看着就眼晕。要不是因为我这样愚钝，我的老师也不会这样对我说笑："说不定昌镐在围棋方面没有什么才能。"这可是拥有独一无二、出类拔萃直观判断的老师对我产生的怀疑。

所以我要战胜棋才非凡的棋手，唯一可行的办法就是努力。除了比别人精力更集中，思考得更多之外，没有其他的捷径。围棋有"复盘"这样一位"好老师"，如果你获胜了，那么复盘可以让你养成"胜利的习惯"；如果你失败了，那么复盘可以让你做好"胜利的准备"。

当我再次和以前输给他们的棋手对弈时，我的表现和第一次交战的时候很不一样。我有经验了，一次、两次相遇后，就会变得熟悉起来，适应起来，结果对方就变成了我能战胜的对手。对这种情况，我取得了绝对的胜率。

我虽然没有天才般的才能，但是我有持久力。我不断将失败的对弈重新复盘，找出失败的原因，类似于这样的努力我自认为比任何人付出得都多。持久力和努力是任何人都可以做到的。只要能不懈地努力，就再也没有必要害怕那些天生具有某些才能的人了。

强迫观念——一把双刃剑

大概有近十年的时光匆匆流逝了，一次我和走得较近的朋友们一起，很随意地吃着便饭，记不得是谁向我开了一个小玩笑，他说道：

“李国手下围棋的时候真的是很认生哦。”

这句话是在饭桌上嘻嘻哈哈开的玩笑话，但是我觉得这句话真的是有专业写作水准的人才能够讲出来的，因为它实在生动绝妙地形容了我围棋的一个特点：遇到陌生的对手，或者在遭遇陌生的棋局变化时，我总是会表现得很慌张。我对“认生”这一观察和判断，表示很赞同。而更准确一点讲的话，我在下围棋时“认生”的这个特点，正是由于我自身比较“认生”的性格特征决定的。

最初的时候我并不是一个特别认生的孩子。在接触围棋移居首尔之前，或者说是移居首尔成为职业棋手之前，我虽然算不上是一个言语无忌话很多的孩子，但是也非常地无忧无虑活泼自在。但是不知从何时开始，那个大方自如、天真烂漫的李昌镐便成为记忆中遥远的影像了。

成为职业棋手之后倾注在围棋上的时间渐渐增多，随之而来的是说话越来越少。因为围棋本来就是不需要言语而进行胜负角逐的运动，并且在对弈过程中的交谈是被严格禁止的。

正襟危坐、凝神思考下围棋占据了我每天的所有时间，渐渐地身上那些孩子活泼好动的天性丧失了，活泼地跑来跑去的时间更是没有了。而在不知不觉中，身体上和心理上的平衡也开始在沉默中被打破，这种平衡的丧失或许是给我的一个警告。

然而没有人往这方面想过，当时年纪还尚小的我没能够考虑很多，也并不关心。如果当时我能够坚持一直和同龄孩子们玩乒乒球的话，或许身体状态和心理状态会比现在好得多。但是比较亲近的同龄人不是有排得满满的正式比赛日程，就是正在为成为职业棋手做着辛勤的准备，我们几乎没有这种可以一起锻炼玩耍的时间。

研修生的时候有崔明勋、尹盛铉等同龄的好友，也有比我大两岁的朋友一样的前辈，我们在一起打打乒乓球，东拉西扯，日子并不是很无聊。但是成为了职业棋手后，我必须按照对弈日程来行动，与同伴们相处的时间再也没有了。

其实就算不能够跟伙伴们一起玩，只要有同龄的朋友在身边，心里也会踏实许多。但当时我的身边全是成年人，他们像一堵一堵墙围在我的四周，让我喘不过气来。并且在当时的围棋比赛中，吸烟是被允许的，成年棋手吞云吐雾，我在那些烟气中更是痛苦异常。

在跟我有类似经历的其他研修生中，最早入段的有尹成贤九段和李相勋九段，他们在我入段后的第三年，也就是1989年成功入段。另外有崔明勋九段（1991年）、梁建九段（1992年）、金荣三九段（1993年），他们分别以3 ~ 6年的时间差进入了职业棋手的行列。虽然说起来变成“哑巴”这件事并不光荣，但是以前那个和同伴们相处融洽，经常叽叽喳喳讲话的李昌镐在入段后已然成为了“吃了蜂蜜的哑巴”，或许“闭嘴”是在成人世界游走的我能够坚持下来的秘诀。

这并非我的本意，但是我无可奈何地持续了这种沉默寡言的生活，直至同伴们突破层层障碍成为职业棋手。1989年，随着熟悉的研修生同伴们纷纷入段，我的心渐渐开始恢复平静和坦然。这一点或许他们并不知道，但是他们的存在给了我巨大的安慰和力量。

刚刚进入二十多岁时，在围棋界有一位被称为“网球传教士”的崔馨基教授，他介绍我学习了解网球。通过这项运动我和朋友们在一起的时间增多了。但是那种发自内心讨厌在人前讲话的意识已经成为了我的一部分，而一场网球比赛下来，胸闷气短的我更是意识到自己的体力有多么差劲。

如果细究起来，从入段时开始，那支配我的心理，让我不知不觉开始“认生”，开始寡言的根源，就是“强迫观念”。在由成年人围成的藩篱中，我需要不停地辗转在心里给自己定下种种规矩，我就这样不知不觉变成一个“老人般的孩子”。

强迫观念可以说是一把双刃剑。这里说的强迫观念并不同于医学上的那种精神疾病“强迫症”，因为强迫观念并不是单纯地类似于疾病的坏东西。它包含着两个层面：一方面是不能控制强迫的症状而转变为精神疾病的危险；另一方面则是通过正确的方向和坚强的意志塑造出道德观念和责任感。

虽然在人前讲话这件事情是我极度厌恶和抗拒的，但是我一直努力着把强迫观念向着好的方向引导。比如我十分积极地投入到能用自己的专业才能贡献社会的“PROBONO”[①]活动中；即使在个人战中一败涂地，在代表国家的国际对抗赛中我也一定要打

① PROBONO源于拉丁文，意为“为了公益”，为“pro bono publico”的缩写。运用专业的知识或技能，旨在为公益而进行的免费服务。区别于一般的志愿活动。

起百分之百的精神取得胜利，并且创造了胜率90%的记录。这些都是用强迫观念做到的。

单纯的观念并不能起到什么作用，要用强迫观念创造出好的结果则需要非常大的忍耐。在激烈的胜负角逐后，每次都会陷入一种失魂落魄的状态，而此时我只能坦言：那种尽力控制自己的精神世界，使其不至于崩塌的努力是无比痛苦的，但你必须战胜自己。

残酷的实战课堂

1988年我以75胜10败的胜率（88.24%）、最多优胜（75胜）、最多对局数（85局）、最多连胜（25局），将4项记录收入囊中，并且登上了挑战赛的舞台。其中，我成功进入了包括最高位战[①]和霸王战在内的6个棋战的决赛圈，并被选为MVP（最有价值棋手）。那个时候我所创下的记录，到现在仍然没有被打破。

有人说这真是很奇异：棋风显得木讷迟钝的人，在朝着围棋最顶峰攀登的路上却走得比谁都快。这真是足够奇怪的。但是，也从一个侧面反映出韩国围棋界的力量是比较薄弱的。

1988年12月，圣诞节的前一天，人生的第一场师徒对决拉开了序幕。“绝对强者曹薰铉和14岁的弟子李昌镐之间的围棋之

---

① 最高位战是《釜山日报社》主办的职业围棋锦标赛。

战究竟会怎样进行呢？”对于这场争锋，比起胜负结果，人们似乎更乐于窥视这寓居于同一屋檐下的师徒二人，在围棋盘上你死我活相争时的心态。而大部分棋迷对于这场比赛的看法是：李昌镐还没有超越老师的能力。

对局那天早上，我和老师并排坐着师母开的那辆白色轿车到达了棋院。而在对局开始之前，老师喝着咖啡，抽着他那特有的细长玫瑰香烟并和围在四周的人们交谈。而我呢，坐在老师对面，低着头，保持安静。

师徒对决对于老师和我来说都是充满负担的一件事情。一直沉默不语静坐一旁的我自不必说，老师虽然一直面带灿烂微笑，不时和周围人们谈东说西，但是内心深处却并不如表现出来的那般自在，这种与弟子相争的公开赛，对他来说更是十分沉重。

这场对局是我们师徒的第一次对决。整场比赛给我留下的记忆是“后背满是凉汗，内心充满不安”。而老师虽然心中充满抗拒感和不安，但表面上一副淡然之态，而之后老师说的话，却又让我吃了一惊。

一本围棋杂志采访老师的时候，他如是说：“这种和弟子一起较量的比赛真是沉重得很啊。周围人们的视线给我很多压力……但是，我在心中却想着，快点忘掉这些外界的干扰，好好地下一局棋吧。我当时是这样对自己说的。”看到老师的这些话，我感到，其实老师与我相比，感到的是另一重压力。

但是我总感觉老师并没有把我当做是他的对手。他只不过是心中充满对弟子的赞赏，怀着这种心情来和我下一盘围棋。比起和对手的争战，老师当时心里想的似乎是“通过实战直接来教他几盘”。

我在那些记者和相关人员的注目下，尤其是在摄像机的镜头前，十分不自在。心里想要集中精神到棋盘上，但是周边时不时地会有照相机的闪光灯咔嚓一下，经常让我吓一跳。

最高位战挑战赛第一局，我执黑先行，并以“高中国流”布局，试图构建自己的外势，彰显气势。而对拥有“霹雳闪电”般路数的老师来说，那些招数如同稻草扎起来的靶子一样不堪一击。我的布局如同脚夫熙熙攘攘围住河岸，而这包围之势在老师犀利的渗透和攻击下毫无招架之力地溃散了。老师果然和以往遇到的对手不同。

第一次师徒对决才不过进行到80手，就十分凄惶地结束了。我的老师当真是与众不同。一直扬着眼角、充满好奇观看棋局的人们，这时候都不住地点头说：“新鸠未越岭啊”。意思是说小鸽子越不过大山峰，李昌镐的成长虽然华丽耀眼，但毕竟姜是老的辣，比不过自己的老师的。

1989年新年伊始，在师徒对决锦标赛10对决系列赛事中，我输掉了所有比赛。最高位战挑战赛5场对决，我的最终战绩为1胜3败。只有挑战第二局时将对局拖到了229手时，以半目的微弱优势获得了胜利。这个算是可以聊以自慰的战果了。

同时我开始找到了一点点信心：老师的序盘、中盘布局可谓天衣无缝、无懈可击，但是只要在序盘、中盘把差距控制住，那么结束的时候我还是有希望追上的。

但是，希望毕竟只是希望，现实终归是残酷的。老师在他雄踞榜首11年的霸王战中以更强势的姿态击败了我——3：0完胜。我创造了新的记录，那就是锦标赛十二连败。

虽然以失败结束，但是我初登挑战者舞台的这个不大不小的事件还是引起了界内爆发性的关注。在安排有挑战赛的日子里，国内的主要媒体都会在赛场争抢地盘，进行所谓的“新闻取材战争”。最高位战挑战赛第四局于1月26日在历史悠久的云堂旅馆举行，MBC（韩国文化电视台）把这场“老师防守、弟子挑战”的赛事和“年龄最小的挑战者”作为新闻特别报道，并对我进行了采访。

一个偶然的机会我再次看到了那本年代久远的《围棋月刊》。上面刊登的照片都已经老旧发黄了，里面的我一脸惶惑的表情，无语地死盯着地面；而站在记者们蜂拥伸出的话筒面前，老师则耸着双肩，皱着眉头挤出些许微笑，好像是因为和弟子争胜负而感到很惭愧。

在我眼里，老师是为了向我展示围棋界顶端的艰险，让我明白守卫战如同世上其他所有事情一样“没那么简单”。这是一堂严肃的课，并且在那看上去非常微妙的笑容里，我能感受得到老师对弟子能够长大成才，产生的那种忍不住的由衷的喜悦和自豪。

我在很长时间之后才切实领会到那种为人师的心情。那是一次我和友人去韩医院的时候，在等候室里我随手拿起了一本《韩国福布斯》，上面刊载着老师的访谈，老师讲述了一些关于为人师的训诫。

“在我的老师的思想中，老师的精神世界和一般人的层次应是不同的。它应该更接近于道人的世界。在我成为职业棋手之前，他就不断教导我要先学做人。而成为职业棋手继续围棋事业的过程中，他也不断向我强调做人的重要性。通过他的这些教诲，我隐隐感受到了他的为师之道。而他老人家也十分明白地向我展示了什么才是一个老师应有的作为。他曾说过：‘老师就是给弟子打开前行的道路。’回到韩国，收李昌镐为徒后，我便暗下决心：‘一定要按照老师的教诲，践行他的为师之道。’”

每当回想起那天老师的笑容，和他笑容中隐藏的弟子所带给他的自豪感，我的心就会变得特别温暖。

突破瓶颈，首夺冠军

1989年4月，我代表韩国出战第二届富士通杯[①]围棋大赛。出战的棋手包括韩国锦标赛冠军得主（曹薰铉九段、徐奉洙九段）、新生代领跑者梁宰豪教练（当时为六段）和我一共四人。我在一年之前曾经参加过IBM早期公开赛，除此之外便没有任何国际大型比赛的经验，所以这算是我第一次参加正式的世界大型比赛。

东京富士通杯对阵抽签仪式上，担当主持人的女播音员对我

① 富士通杯，为“富士通杯世界围棋擂台赛”的缩写。为史上最早的世界围棋赛事，起于1988年。

产生了很大兴趣。这个带着明显孩子气的胖嘟嘟的少年竟然出战国际性比赛，她一脸很惊奇的表情。抽签后的结果是我要对战王铭琬九段。女主持人看着王铭琬九段，笑嘻嘻地说：

“对方还是个14岁的孩子呢，请您手下留情哦。”

客席上爆发出了一阵笑声，韩方的出战棋手和陪同的相关人员纷纷鼓掌致意。说起王铭琬九段，当时的人们可能都不放在眼中，但他在2000年、2001年连续在日本围棋排行榜上位列第三，是占据着日本锦标赛本因坊冠军的大器晚成型强者。但是在当时，他并没有得到人们的多少注意，甚至被评价为“比起顶尖棋手差那么一点点”。

韩国代表团和围棋迷也是对王铭琬九段存在着小觑的心理，很多人都觉得虽然李昌镐并没能够超越自己的老师，但是作为那个能够打败徐奉洙获得挑战权的天才，对付王铭琬这类棋手应该是绰绰有余的。即便是不能够获胜，那么也够王铭琬苦战一番，够他喝一壶的。在这种期待和接近于确信不移的信任下，我在第二天的比赛中一败涂地，算是个令人震惊的结局。如果我自己来讲述这一段，那么听上去似乎在炫耀失败，所以这里我想引用一段他人的描述（朴治文《李昌镐的故事》）。

“但是，在第二天，昌镐那‘善于计算的名手’、‘石佛般的韧性’这些评价所描述的特点都不知道跑到哪里去了，比赛十分没劲地以失败结束。我内心一片茫然，陷入了沉思。难道是我们过分夸大了对昌镐的评价？那么国内围棋强者看到昌镐如同见了

'童子魔鬼'一般的事实又是为什么呢？即便胜利的希望十分邈远，但是就算仅有半目获胜的可能也绝不放弃，昌镐那惊人的计算力和不可思议的精神力量，这都是他所具备的特殊能力，而这些能力曾经让金寅九段也为之叹服啊！可为什么面对王铭琬这样的对手，昌镐竟然如此轻易、如此令人寒心地就败下阵来呢？虽然王九段听到这话有可能会不满，但是，这便是当时我的真实感想。有了这种想法之后，我便又开始反省：是不是因为我们被李昌镐的魅力所倾倒，所以不能全面而正确地看待他了呢？不管怎么说，他正是那个女主持人口中所讲的不过14岁的孩子啊。

"那之后昌镐在国外的赛事上也经常输得很惨。如果和对方是第一次交手，那么他的表现会更差。即便是1992年之后，昌镐已经成为韩国围棋的第一人，但是他仍然在之后的比赛中败给了中国的棋手车泽武，并且在迎战那位刚刚离开中国的女性棋手芮乃伟时，一度出现了完败局面。由此，因那个名为昌镐的天才少年感到无比的自豪，对他的无穷力量不断夸饰，并想让世界为之震惊的我们，那期待的心一次次品尝到了挫折。但是，昌镐一到国外比赛就无力地输掉，其中的缘由到底是什么呢？"

虽然中间有这个挫折的小插曲，但是我并没停下前进的步伐。1989年初，我站到了最高位战和霸王战的挑战台上，并被公众贴上了"新锐种子选手"的标签。对此，我十分满足，并且在同年的夏天，我重新踏起了加速踏板。王位战、棋王战、国手战、最高位战、霸王战、名人战、大王战、东洋证券杯等几乎所有的棋战我都进入了决赛，并在第八届KBS棋王战中取得了四连胜，站到决胜赛场上。

1989年8月8日，在出生14年零10天的那一日，我向着“世界最高”的目标迈出了第一步。在以金秀壮教练为对手的决胜三局中，我成功地取得了第一个锦标赛冠军①。

站在世界顶峰的期盼

在这期间内，我的老师将所有的精力都倾注在1989年4月开战的应氏杯②五局决胜赛上。这是理所当然的事情。因为职业棋手都是靠奖金来说话的。而40万美元的奖金金额比当时韩国所有赛事的奖金之和还要多。决胜系列赛的第一轮交战（1 ~ 3局）在中国浙江省省会杭州拉开帷幕。

第一轮赛事以聂卫平九段2胜1败略占优势告终。但是，我的老师并没有放弃。8月的最后一天，老师为参加应氏杯的第二轮比赛飞往新加坡。当时老师的状态并不是很好，吃过从首尔带过去的感冒药并洗了个热水澡之后便早早睡觉，但是却久久

① 译者注：虽然这个赛事的冠军有逐渐年轻化的趋势，但是在20多年后的今天，李昌镐仍然是获得冠军时年龄最小这项记录的保持者。

② 1988年，中国台湾企业家应昌期以最高奖金40万美元的悬赏创设了最早的正式国际围棋赛事。每4年举办一次，被称为围棋界的奥林匹克。

难眠。

9月2日上午10点，在威信-斯坦福酒店72层的特别对局室里，第四局比赛开始了。执黑的老师以与第二局相同的方法展开了布局。以曾经败退不迭的布局再次进行比赛，这是老师“同样的方法不会再失败第二次”的特殊傲气，也是他对相关形势判断后的预见。

老师在这场对局中以快速的行棋率先占据实地，并且放弃了以往用炫目的攻击迅速结束胜负争斗的必胜定式，果敢地构筑势力，直刺对方咽喉。但是，背负着现场一边倒的声援和支持，聂卫平九段并没有轻易动摇。

这是一场超过了300手的恶战。占领四角并执拗地进攻中央的聂卫平九段最终在收尾处输掉了比赛。

这场比赛变为了2 ∶ 2，胜负裁决重回原点。接下来9月5日的第五局将成为决定胜负的最后一锤。第五局中执黑的老师并没有采用第四局的方法，他采用了彻底的实地作战方案，迅速地占领了三角，并抢先进入中央制造了巨大模样。面临着此等迅猛的攻势，聂卫平的中腹希望刹那间灰飞烟灭。有着“棋圣”称号，并且是中国围棋英雄的聂卫平九段，在中盘进行到145手时，无力地认负了。

在韩国棋院公开解说场进行现场解说的金秀英教练把老师获胜的消息向全国人民转达，并高呼万岁。金教练几乎嗓子沙哑，他哽咽着说不出话，不住地流泪。在韩国心系着比赛胜负的我那一刻也热血充满胸膛，难以自制。

这场胜利使一直处在边缘地带的韩国围棋进入到世界的中心。这一天，我的老师心情如何呢？这里我还是想引用之前的那本书，向大家略做介绍（朴治文《李昌镐的故事》）。

“那天天色较晚的时候，曹九段坐在宾馆的房间里，灯没有开。巨大的优胜奖杯缩在一角，桌子上随意搁置的那只白色信封里装着40万美元的奖金。曹九段一言不发。房间里十分的安静又气氛略显沉重。为了写新闻报道而特地来采访曹九段的我，仿佛也被这种深海底部般的氛围同化了，很长一段时间里也沉默不语。最终还是一直都陷入沉思的曹九段率先打破了沉默：

“‘从今往后，该昌镐看着办了吧！’

“曹九段的这句话真是出人意料。如果把这句话中所隐藏的意思一一抽解开来的话，大概可以这样理解：‘日本和中国围棋一直以来像天那么高，如同是我们的主人，但是现在，我打败了他们。能够这样战胜他们是我自己都没有想到的，但是这奇迹一般的事情，我做出来了。可今后，谁来继续呢？不要再想了吧，有昌镐在，他会看着办的。’

“曹九段的语气十分低沉，一点都不像一个刚刚获得了40万美元冠军奖金的人，反倒看上去有些忧郁。在他胜负人生最辉煌的瞬间意外地所思所想的竟然是昌镐，他的语调十分沉静，而他的表情里带着的，是那种奇妙的郁郁。

“‘昌镐信得过吗？’我这样问道。曹九段回答说：‘当然信得过！’曹九段从9岁开始了职业棋手的生活，近三十年未曾松懈一直奔跑在围棋比赛的跑道上，而现在，终于站到了人生顶点。此时他究竟在想些什么呢？是对耀眼的成功和之后必然随之而来的长时间休息的茫然？还是已经本能地预感到一直以来不断跟在身后的弟子昌镐将会面临的激烈胜负对决？”

后来，我读到这段文字才明白了老师的期待是什么。并且，这种期待总是会在我感到疲惫不堪想要放纵玩耍的时候成为点醒我的精神支柱。

虽然因为性格上不善言语，我从没有向老师说过一句“请您相信我”之类的话，但是那不辜负老师期待的意志和感激之情却一直都深藏在我的心中。

我的老师和赵南哲教练一起在青瓦台获得了银冠文化勋章。起初政府决定授予老师文化勋章，但是我的老师拒绝了：“在播种现代围棋种子的赵南哲先生没有获得之前，我是没有资格的。”于是政府接受了老师的建议，同时授予二人银冠文化勋章。

同时在老师品尝到人生最高点的那年秋天，伟大的老师，和跟随在他身后的弟子之间，一场新的胜负对决又开始了。

迈向成熟的最高位战

1989年12月第三次师徒对决的国手战中，我以1胜3败出局，并在最高位战中以1胜1败的战果度过了年关。贯铁洞的观察者们无不点头说："第四次的师徒对决还是会以绝对高手曹薰铉的光荣胜利告终。"

虽然最高位战中我1胜1败算是打了平手，但是我以前和老师对局的战绩实在是太凄惨。第二十八届最高位战1胜3败，第二十四届霸王战三连败，第三十三届国手战1胜3败，这个差距是非常巨大的，在争夺冠军的比赛中我是一路失败着走来的。基于这些记录，观察者们做出以上的判断真是合情合理。

并且，当时通过应氏杯的胜利登上顶峰的老师已经在122次的锦标赛中取得了108次的冠军，14次亚军，胜率接近90%，实力非同小可。

但是，我在最高位战挑战赛第三局中采用了与厚实相反的作战策略，束缚住了老师轻快的棋风，在157手的时候获得了胜利。这次，我终于扳回了每次必输的局势。

贯铁洞再次因紧张的气氛而沸腾了。挑战赛第四局老师用"霹雳闪电"般的速度占领三角使中腹无力化，取得完胜。比分再次拉平为2 ：2，命运般的胜负压在了最后的决胜局。

1990年2月2日挑战赛第五局的号角吹响了。早上9点40分，我们师徒二人还是坐着师母开的那辆轿车，向着韩国棋院出发。按照赛程，我们迟到了5分钟。我们都被扣除了10分钟的时间，随后开始了这场比赛。

当时谁执黑子[①]成为了外界关注的焦点。似乎又是命运之神

① 译者注：在围棋中执黑子的一方先行，有一定的优势。

的偏爱，我执黑子。

这场胜负角逐不愧是最终决胜局，直到最后一刻它也不容许人们妄加预测，简直是一场难解难分的浴血奋战。我首先占领了四角，并且未放任老师的快速攻击，在四下里布好铁桶阵。

这次我积聚的铜墙铁壁并不是实地和攻击性的厚实策略，而是实地和防守性的厚实策略。计算精准且快如闪电的老师说：“我觉得你会以半目优势获胜”。而这场对局结果证实我以半目获胜，赢了厚实中隐藏的那半目。

在照相机的闪光中，我低下头不停地眨着眼睛，而老师用双手蒙住脸，轻轻笑了。虽然已经想过会在某个时候把头衔转到弟子手中，可为什么偏偏是最高位战呢？老师并没有预想到。

1974年，我出生的前一年，老师获得了生平第一个头衔“最高位”，并且一直保守了16年。16年之后，他将这个头衔交到了我的手上。媒体将我们师徒间“最高位”的交接称为“报恩对战”。

回到家之后，师母一边抚摸着我的背一边说：“昌镐现在长大了哦。”奶奶（老师的妈妈）也一边笑着迎接我，一边说：“做得很好。”我不知为何要哭了出来，生硬地问了声好，马上跑到2楼自己的房间去了。

之后，从1990年2月27日职业新王战中战胜金承俊初段开始到9月2日棋圣战中败给刘昌赫四段为止，我取得了四十一连胜，创造了一个新的记录。

1990年10月10日，一直以拥有最悠久的历史而著称的“国手”称号也实现了它的师徒传承。老师一直捍卫10年之久的“国手”头衔在这一天正式移交给了我。

虽然对弈的最终结果是三连胜，但是比赛过程中没有一场对局不是命悬一线的苦战。我一盘又一盘地用拼死学习的姿态竭尽全力。说起来，再也没有比实战更有效的学习方法了。并且，这种通过和世界最强的胜负师实战较量进行的棋艺学习，对我来说机会并不是很多。

站在巨人的肩上起飞

1991年初，我和老师进行了第十次师徒对决。1990年的时候，我已从老师手中接过了最高位的头衔，若再次出战，是作为擂主；而这次我是以挑战者的身份登上了大王战挑战赛的舞台。

然而这时，我遇到了点麻烦。本来是韩国《围棋月刊》和日本《围棋俱乐部》联手，特别策划筹办了这场第十次师徒对决，日程已经定好了。然而此时，日本方面却邀请我和日本棋手依田纪基八段进行一场名为“韩日新锐代表棋手5局制比赛”。

这件事情真是很可笑。如果是日本棋院碰到类似情况的话，他们会怎么办呢？肯定当即就会反口讥笑：“你们有没有搞错？”倘若是韩方向日方提出这样的要求，那么韩方肯定会碰一鼻子灰，毫无疑问。

正式的国内锦标赛举办期间插入另一场负担极重的国际赛事，并且还是5局决胜负的赛事，这种突发奇想简直是匪夷所思。

但是韩国方面冲着“日本承担获胜奖金”的条件，立马就上了钩。韩国正式锦标赛的三冠王和日本新人王在所谓同等条件下进行激烈角逐的“韩日新锐棋手5局制比赛”，在韩日双方毫无异义的支持下开始了。当时《围棋月刊》中有一篇代表“大多数人意见”的专题这样写道：

“胜负就是有胜有负。李昌镐如果想要成为最强者，就必须要通过这种国际比赛积累经验，磨炼心性。如果李昌镐觉得日方提出对战的这件事情是‘目的在于利用我；可能会赢，但也可能会输，脸面不好看’，并以此为由逃避比赛的话，那么这必将违背一个职业棋手的原则，并且这也不是一个职业棋手应有的姿态。下定决心不管是输是赢都要一决胜负，这才是为了围棋迷们应该做的事情。”

这种论调脱离逻辑，跨越性反倒不小。作为一名堂堂的国内冠军头衔的保持者，难道只要国外不管是谁提出挑战，哪怕是在锦标赛激烈角逐的期间，我都必须要应战吗？如果避不出战，就非要承受“丧失了职业棋手应有的姿态”这样的非难吗？

虽然当时的我并不在乎是和谁对局，并且无论对手是谁我都从不打算逃避。但是对围棋这个圈子的管理者来说，保护头衔持有者，同时维护比赛的公正性是他们应尽的责任，然而事情却如此发展，这真是值得我们多做反思。

我不由得想起了1980年12月末到1981年1月初的那场“赵治勋名人访问故国纪念对局”（曹薰铉对赵治勋）。当时老师虽然已经是韩国国内的全冠王，但是比赛中仍然拿的是次等的对局费。金额虽然差不了多少，但赵治勋九段用日元，老师用韩元，这样分开支付。

反过来揣测一下，日方分明怀着这样的一种心态：EVENT赛事自不必说，日本名人和韩国冠军头衔持有者拿同样的对局费，降低了日本职业围棋的档次。所谓的价值，总是体现在那些想要努力守护的地方。

接着讲述那场加塞进来的比赛，从结果说起——我输了，1胜3败。在首尔比赛的时候是1胜1负，到了东京之后，我连输两局。这里我并不想对失败做辩解。当时我的精力不集中，输给依田纪基八段也是理所当然的事情。

在韩日新锐代表棋手比赛的期间，也就是第二局结束后的2月6日，大王战冠军头衔被我收入囊中。战绩为3胜1负。从老师的第一个冠军头衔“最高位”，到之后第一位的象征“国手”，再到“大王”，我一路走了过来。人们这时开始议论：“现在到了李昌镐离开曹薰铉怀抱的时候了。”

我的独立问题从取得“最高位”头衔时开始考虑，而在这个时候终于被定了下来。老师说：“再没有可以教授给你的了，我们可以到此为止了。”并且决定在我3月份升入高中的时候让我正式独立。老师在北汉山山脚安置了一所漂亮的生活乐园，而我考虑到和全州家人的往来，移居到江南高速公路汽车站附近的一间公寓。

但是南北分隔的我和我的老师很快就再次见面了。有一本围棋杂志这样写道：“弟子好像并不满足于‘大王’这一个头衔。他渴求着更大的独立礼物。”

在赢得“大王”之后，我向老师递上了另一张挑战书。那就是“王位”争夺赛[①]。

2月13日开始至4月24日结束的第二十五届王位战是7局决胜制比赛。序盘的时候，局势一直以老师的意愿而发展。挑战赛第一局，老师力挽狂澜取得胜利。算起来到那时为止，在我和老师的对局中，序盘、中盘总是以老师占优势结束，而我则会在后半盘赶上，反败为胜。这几乎成为了一个模式。

老师聚集起自己的气势，继续取得了第二局的胜利。人们都说：“曹薰铉终于走出了自己弟子设下的魔咒。”然而我在之后的第三局到第五局一连三胜，几乎是一口气又夺回了系列赛的主导权。

挑战赛第六局，老师惊险地以半目获胜。挑战赛第七局，执白的我获胜并最终摘取了王位战的桂冠。

比赛结束的一瞬，跷着二郎腿、领带松散的老师从沙发上翻

① 指中央日报社主办的围棋比赛。

了过去，头着地。但所有人的表情都很肃然。我已经汗流成河，面对这种难堪的场面无能为力地低着头，不停地眨眼睛。

这之后我用6月份一个月的时间取得了另外两个冠军头衔并且进入一个世界锦标赛的决赛。我的1991年以68胜23败、胜率74.7%结束。

许多记者都问我：站在国内围棋最高峰上是什么感觉？当时的我既兴奋又惶恐，根本很难表达自己的想法。而现在回望那个时候，觉得引用牛顿的话作为回答是再合适不过了：

“如果说我比其他人稍微能够看得远一点的话，那是因为我站在了巨人的肩膀上。”

老师是为我照亮前路的灯塔。我不过是一个矮小的侏儒，只因为站在一个名为曹薰铉的巨人的肩膀上才得以看到广阔的世界。

超过300次对局的师徒大战，看着头衔一个接一个地交到了弟子手中，老师有时也会面带苦笑。但是老师从没有后悔收我为内弟子。

如果我做老师，能够像他那样超然吗？坦率地讲，我没有那个信心。大约十年之前我曾经有过这种想法，就是：有一天我上了年纪的时候，我也要去发掘一个有杰出才能的孩子，培养围棋界的后续力量。但是当我越接近老师的心理的时候，反而越难再次产生这种念头了。

没有什么像拥有才能却仍然遭遇失败这种事情一样常见的

了，这个世界上充斥着那些没有得到社会承认的天才。这就是世事的原则。而我这个无比犯上不敬的弟子，如果不是拥有了从老师那里借来的巨人的肩膀，飞向更高、飞得更远的这种动力又从何而来呢？

第三章 腾飞

回避对方的挑衅不是因为害怕，而是要认清方向，尽快结束战斗。能够无视种种诱惑，自始至终都保持一颗平静的心，才是制胜的秘诀。

让“均衡”成为成功的垫脚石

大约在这个时候，我的围棋风格开始展现出一些变化的端倪。入段初期的我行棋动作十分缓慢，并且用极端的厚实进行每一场对局，而渐渐地这种棋风开始进化，变得富有弹性起来。虽然厚实这一特点并没有改变，但是那些被人们指出的布局阶段的缺陷正在逐步改善，而兼顾实地的全局平衡性把握不断增强。

围棋就是一种较量“均衡”的游戏。不管是实地还是外势，只要对弈过程中过于偏重一方面，那么离成功的道路也就跟着越来越远了。被尊称为“活棋圣”的吴清源先生就曾一语道破：“围棋即是中和。”

而我则把“厚实”当作是围棋均衡的秤杆。时刻潜伏在棋局中的“厚实”会在中盘到终盘的这段时期内发挥作用，实地不足时，便会着手补充，局面相对弱势时便会强化外势。“厚实”支配着这些变化。

1992年1月27日，我遇到了可以飞跃到一个更高层次的机会。1991年在中国台湾开始的第三届东洋证券杯比赛中，我在台湾赛场1胜1败，在转年后的第三局至第五局中，我战胜了世纪巨匠林海峰九段，取得了世界冠军。并成为该项赛事年纪最小的冠军，也是年纪最小的世界冠军（16岁零6个月）。

与林九段在对局中，我从开始到结束都不断承受着巨大的压力。而林九段是当时我所遇到的棋手中与我棋风最相近的一位，赢得对局的困难就更增大了一层。

不过虽然是感觉到了重重压迫，但是我越是棋逢对手就越充满斗志、负担减轻，这一倾向性帮了我不少忙。“趁此机会向大棋手学上一两招吧”，这种心态使得我能够保持心理的安定。

从林九段身上，我所学到的不仅仅是厚实的运用方法，而更多地学到了林九段令人尊敬的人品，让人叹服的风度。

1月23日，在庆州希尔顿饭店继开的决胜第三局中，我失败了，形势岌岌可危。两天之后的决胜第四局对弈场所变更到Ramada Olympia酒店，这场对局直到终盘双方势力僵持不下，整整下了287手，我才取得了四目半的胜利。这场胜利可以说是厚实发挥威力，在终盘取得的结果。在这时，厚实的棋风对我而言，就如同身上合体的衣服一样。

比赛只剩下最后一局了。在这决定性的第五局中，谁执黑子成为外界注目的焦点。27日，对局开始，猜先后，林九段执黑子。

相关人员在此之前便早早下了论断：“双方都是那种摸着石头过河的具有厚实棋风的棋手，在这最后一局中执黑子的棋手胜利的可能性更大。”所以当我知道自己执白子时[①]，感觉现场一下子被冷空气扫过。

对局开始时，我和林九段都意识到这是决定最终胜负的时刻，所以双方都放弃新的尝试，而采用更平稳、更熟练的策略。这不是一场较量妙手的比赛，而是一场为了不失误、拼尽全力的对弈。

表面上看来，两方基本上没有厮杀，而是各自无聊地忙于围地，但是对弈的双方都能感觉到，在这沉默中有看不见的刀光剑影。这样的比赛是那种一步一步设定警戒，随时血凝成干的可怕战争。

这样的比赛，结果十分难以预料，只能不断等待，看终盘时哪一方犯了更大的错误，或者哪一方的失误更多，局势明暗交替非常紧张。我们二人都是将严谨小心发挥到极致的棋风相近的棋手，然而五十多岁的林九段和刚刚十几岁的我在体力上和集中力上还是有差别的。

决胜第五局正如同那句老话“大赛无佳局”，双方在终盘都存在大量失误。

但是，执白子略有不利的我一开始为转变劣势，便决定采用将对局拉长的战略，而这一战略奏效了。胜利女神在终盘时终于

① 译者注：围棋的先后手是由对局前，对方棋手现场猜先决定的，猜先后立即开始比赛，没有任何的准备时间。

向我展现了迷人的微笑。直到结束之前我都一直处于不利状态，而情况突然逆转，连我自己都没有想到，着实吃了一惊。以235手结束的这一局，我以一目半获胜。

小小年纪在世界大赛上获得冠军，我十分高兴，但同时又切实感觉到了需要学习的还很多。序盘布局和终盘战斗对我来说仍然是十分吃力的部分。

颁奖典礼结束后的记者发布会上，林九段不吝言辞地夸赞了我一番。

“李昌镐比我的小儿子还小一岁，但是已经超越了我。我确信他将来肯定会成为世界第一的棋手。这次比赛我用尽全力，但是李昌镐的棋艺真是高超，我有些力不从心。我期待着下次有机会再比试一场。”

虽然败给了一个比自己小儿子还小的棋手，心中多少有些遗憾，但是林九段能够收起心理上的不快，在满是报道团体和围棋界人士的现场，在众人面前，非常率直坦白地向我说了这些话，这是王者的声音。金石之言，铭我肺腑。

在系列赛事的整个过程中，林九段始终一贯坚持他真挚的求道追求，对待失败时能够坦然接受，谦虚地鞠躬示意。我眼中的林九段，是一个伟大的人。而且我觉得，当时自己是通过走在“职业棋手最理想的道路”上的林九段，来预想未来自己的样子。

人际关系中也存在着“厚实”和“均衡”。所谓“均衡”在人际关系中指的是人们相互之间公平合理地给予和获得信任，而“厚实”则是支持那种信任的谦逊。谦逊的人总会得到大多数人的信赖，这似乎是世间的法则。

接受挑战，磨炼自我

1989年应氏杯决赛以后，被大家认为是最高水准对决的第三届东洋证券杯决赛的整个赛事战况都通过KBS（韩国广播电视台）在韩国转播，引起了韩国国内高度的关注，同时全国各地的少儿围棋教室如同雨后春笋般纷纷建立。

我在东洋证券杯中获胜，成为了“最年轻的世界冠军”，这个时候，一份来自青瓦台的邀请函被送到我面前。这是我继上一年“优秀青少年获奖者面谈”第二次访问青瓦台。听到总统先生“真是我们伟大国家的宝物”的赞誉，我感到十分惭愧，甚至紧张到汗流浃背。

那个时候“天才少年棋手”的称号已经被人们厌烦了，成了老旧不值得一提的修饰语，代之而来的是诸如“神童”、“鬼童”、“小大人”、“少年姜太公”、“赤练蛇”等在一年之内突然涌现的别称。并且，在短时间内，更多更令人吃惊的别名也开始登场了。

“终结者”、“外星人”、“棋神”、“神算”……甚至有的人发表了这样的言论：“在遥远的过去，有一个漂泊在全国各地的围棋高手，他不断追求‘棋圣’的最高境界，但是由于悲剧的命运，最终带着遗憾离开了人间。后来，这位高手投胎转世，他就是李昌镐。”这个说法雷同于一本日本漫画《HIKARU的围棋》(中文名为《棋魂》)，这本漫画曾经在孩子中间引起了一阵围棋热。诸如种种的描述都被刊登在报纸上，我对此感到非常不好意思，那真是一段抬不起头来的日子啊。

外界倾向于把我看作是“无敌的围棋怪物”。而我自己真的是仅仅怀着一个简单的愿望，那就是：“希望我的每次对弈都能够让人无法挑剔，这是我平生的夙愿。”在我成为了冠军头衔持有者之后，也总是有很多评论指出我“布局和战斗力很弱”的软肋。我自己也意识到这个问题，并且想尽办法、用各种努力来弥补这个已经显露出来的不足。每次下完一盘棋，我都会通过彻底的研究检讨来修正自己的缺点，弥补自己的不足。不断地回想自己的胜利是件开心的事情，但是将失败翻来覆去地研究，是给人巨大精神压力的工作。通过这种探讨研究能够找出失误的所在，但同时也会产生“如果这么下就会赢了”的自责，而这种自责便又会招致心中一阵纠结的疼痛。

针对败局的研究检讨本质上是将已经愈合的伤口重新撕开，整个过程需要极大的忍耐力。如果想要坚持下去，就必须要忍受心口插把刀的痛苦。而“忍字头上一把刀”，如同这个字的结构一样，“忍”就是要承受如同心头刀刺般的痛苦。

虽然我头上顶着“最年轻的世界冠军”头衔，但仍不可避免来自各界的指责和评论。并且在相当一段时期内，我头上的那顶——闪亮而屈辱的帽子“只能在国内取胜的李昌镐”，一直摘不掉。

1月29日，我2 ： 1击败刘昌赫九段，卫冕大王战。但是在2月由SBS举办的世界围棋最强战中，我遇到曾经交过手的林海峰九段，并且在一番苦战之后，输掉了比赛。

经常有人这样说 :“李昌镐拥有围棋的才分、丰足的环境和最优秀的导师这3个成功的最重要因素，真是个幸运儿。”这话说的没错，在这些方面我的确是幸运的，然而并不能够说我能够占尽所有的天时地利人和，有很多其他的条件，我是没有的。

其中最困扰我的就是那如同“天刑”一样从儿时就陪伴着我的强迫观念。每逢遇到海外比赛，陌生的对手或者是陌生的环境，这种强迫观念就会悄悄地在胜负的紧要关头冒出来，经常让我束手无策。

3月最高位战中，我击退了新的挑战者徐能旭九段，比分为

3 ：1，卫冕成功。4月份，我败给了林海峰九段。这次失败算不了什么，因为前面等着我的，将是对我带来巨大冲击的败北。

4月4日东京第五届富士通杯世界选手资格赛决赛圈第一轮棋战中，我遇到了车泽武七段。当时车泽武七段并非中国的顶尖棋手，然而在比赛被拖到254手的时候，我以一目半输掉了棋局。

这年的夏天，我在应氏杯十六强争霸赛中遇到了“钢铁女王”芮乃伟九段，又是惨败。开始有人讽刺我是“只能赢得了老师的围棋第一人”。这个时期的失败让我无比痛苦，甚至产生了放弃围棋的念头。

在之后，我为了克服面对陌生对手、身处陌生环境的发挥失常努力了3年。在大王战中被我以3 ：1淘汰出局的刘昌赫九段重整旗鼓，向我立起了王位战的挑战大旗。曾经自称过“我本来就没有什么忍耐力”的刘昌赫九段在面临大的胜负角逐时，完全是一副强悍的职业斗士模样，他用以往所不多见的最强烈的攻势，将我逼到了绝境。

5月25日在最终的第七局，我输掉了王位。但是在同时进行的BC信用卡杯中，我以3 ：0战胜老师，成功登顶。以刘教练为对手的MBC帝王战中，我也取得了冠军。说自己这个时期内状态不好，似乎也讲不通。

1992年是我开始面对众多棋风各异的挑战者，比赛日程紧张的第一年。在大王战、王位战、MBC帝王战中对战刘昌赫九段；在BC信用卡杯、KBS棋王战、国手战、棋圣战中对战老师；在BACCUS杯中对战徐奉洙九段；在名人战中对战梁宰豪八段；在最高位战中对战徐能旭九段。共10个棋战，其中和五位顶级的职业棋手展开了冠军头衔争夺赛，我丢失了王位，重夺国手失败。其余的赛事我成功地卫冕或者夺得头衔。总对局112局，87胜25败，胜率77.7%。

“围棋不过如此，但我也只有围棋”

1993年，为了迎接4 ～ 6月份的大会战（第四届东洋证券杯决胜五番棋），我早早地进行了体力上的安排，并且做出了不参加4月份的富士通杯预选的决定。

不了解情况的人说“李昌镐有着钢铁般的体力”，但事实上此刻的我在数量爆棚的众多赛事的压迫下已经体力枯竭，十分吃力了。我的目标是全面称霸棋坛，因此面对强行军一样的日程表，我体力不济是必然的。

日本棋院和比赛赞助方富士通公司面露难色，并通过韩国棋院传达消息希望我再考虑一下。毕竟我算得上是一个强有力的冠军种子选手，并且是中日韩三国围棋中唯一一个在十几岁就取得世界冠军的棋手，如果我不参加的话，势必会给这场比赛的效果减分。

但是我已经下定决心，不可改变。之前我就曾抢先一步为了专注于和刘教练的王位战而放弃了最高位战的出战，所以这个决定对我来说丝毫不困难。

东洋证券杯决胜五番棋第一、二局于4月在济州岛拉开了帷幕。我的对手是赵治勋九段。这位棋士一年前和日本第一人小林光一九段在“本因坊三年争战”中对局，取得了胜利，重新夺回日本第一棋士地位的势头强劲。不仅如此，因为赵治勋九段在围棋中显示了“技”、“艺”兼备的风范，被日本的某围棋杂志冠以“NEW治勋”的称号，言下之意，赵治勋九段以全国第一的身份回归已经是既定事实。

乘机抵达济州岛的赵九段说：“李昌镐现在还很弱。让我们教一教他什么才是围棋吧！”

4月22日的第一局中，执黑的赵九段显然是自信满满，通过巧妙的盘面运营引领序盘、中盘，然而到达终盘时，格局转变了。最终结果是我赢了。相比之下，对我而言第一局算是三局比赛中最难的一局。这场赵九段认定我肯定会输的比赛，在他的放心之下，只不过是“捡起来”的这句表达，实在是恰当。

决胜第一局结束后，我们来到山房山前面的生鱼片饭店，品尝了济州岛特产的鲈鱼和黑飞鱼，并喝了几盅酒。赵九段借着酒劲，向我说了他的心里话。

“比起围棋，更重要的是人。我们就是想要让你知道这个道理。别人需要30年、40年才能够明白的事情，李昌镐竟然已经都懂得了。这些事情是要通过艰难，真是必须要经过艰难困苦才能够理解的啊。一步一个台阶地踏实走上去，领会围棋的奥妙才是最佳的道路……真到要经历困难的磨炼……让李昌镐的围棋经受磨炼，我们有这个责任。即使是为了李昌镐，我们也该赢啊。”

赵九段是那种难得一见的人，表面上给人感觉一心追逐成功，而内心却充满了“厚实”哲学。“围棋不过如此，但我也只有围棋”这类似牢骚的话，是他专注于围棋这条独行小道、凝结了人生智慧的箴言。

有的人会说“围棋是人生的缩小版”，有的人讲“围棋是个小型宇宙”，同时也有人说“围棋不过是种杂技”。不论言语如何，这字里行间都饱含对围棋深沉的热爱。

虽然围棋能给人带来金钱和名誉，但不管怎么样，围棋都只是那个小小的世界。反过来说的话，对于将平生的时间和所有的心思都放在围棋这一件事情上的我们来说，围棋是全部。能够把并不轻松的人生意义通过“围棋不过如此，但我也只有围棋”这种轻松的言语表达出来，其中的哲学高度并不是每个人都能达到的。不得不全身心专注围棋的胜负师的独白，在我心中激起了巨大的反响。

赵治勋九段的性情非常独特。在所投身的日本围棋界内，作为最富有智慧且感情丰富的棋士，赵治勋九段于1994年众望所归地攀至排行榜第一，标志着棋圣的回归。然而比起胜利的喜悦，他流露出来的更多的是忧郁。作为一名叱咤风云的职业棋手同时，他身上还蕴藏着略带哀婉的哲学性。

赵九段说："虽然我重新找回了第一人的位置，但是现在日本围棋第一人已经算不上是世界围棋第一人了。所以也没有什么可以高兴的。"虽然他有着很强的自尊心和傲骨，但仍是一位清楚自己位置的谦逊的棋手。

赵治勋九段极为讨厌虚情假意。很久以前在釜山，"赵治勋邀请围棋秀"举办的时候，一个对围棋并不十分了解的记者对他进行采访："时隔这么多年才回到故乡，请问您现在的感想如何？"这是一个惯例性的问题，或许根据那个记者的经验，接下来的回答可能就是"内心澎湃不已，喉咙也哽咽了"这种程度的回答。

但是赵九段可不是这样的人。虽说釜山是他的故乡，但父母都不在釜山居住，自己也是在5岁还不懂事的时候就移居日本，"故乡"这个词的意义对他来说真是没有什么概念。换做是别人，即使没有特别的感想，大概也会回答说“啊，真是有许多新感触”来应付记者的提问，但是赵九段本能地厌恶这类举动。

采访以失败告终。在不能理解这种感情的人们看来，赵九段是一个“连起码的故乡情都没有的冷酷人物”。也有许多韩国人认为“赵治勋不会说韩语，所以讨厌在韩国接受访问”。其实这些都是很大的误会。

赵治勋九段并不是讨厌接受采访，他只是单纯地讨厌要按照记者的喜好来回答问题。同时赵九段也不是不会说韩语，只是对那些只有在韩国才用到的词汇或表达有些生疏而已。

年龄很小的时候就辗转到日本，并且在日本生活四十多年。对这样的一个人来说，要求他能够毫无障碍地表达对韩国的感情，只能说这个要求太过分了。

事实上，如果要在日本围棋界挑一个应对采访自如的棋手的话，是非赵九段莫属的。挑战赛前后的感想，获得冠军后纪念仪式上的发言，在进行这些采访的时候，赵九段总能说出连珠妙语，给记者以丰富的素材，是记者们最喜爱的取材对象。

不管是在东京还是在首尔，如果能够了解赵九段的个性，并且准备好倾听他直率的言语，那么肯定能够看到他那充满魅力的多情多感的内心。

接着回到赛事上来。在第四届东洋证券杯决胜五番棋比赛中，虽然赵九段曾说“让你看看先一步走过来的棋手的年轮”，但是，决胜第二局，在下到第284手时我以半目取胜。

然后在6月举行的最终局中，我以232手半目优势取得了最终的胜利。在颁奖典礼上，赵九段嘱咐我说；“不要因为自己是世界第一的天才而自满，要不断精进技艺。”他那温暖的叮咛直达我的内心。

日本棋院发行的围棋周刊《周刊碁》(中文名为《棋周刊》)以“世界都在追逐李昌镐”为题刊登了一篇我的特别报道。此刻我实实在在地感到，自己好像已经冲破了韩国围棋的藩篱，开始走向世界了。

韩国围棋的全面崛起

1993年2月受到韩国围棋飞跃式发展的鼓舞，擂鼓轰鸣中开始的第一届真露杯世界围棋最强战①中，韩国击退中国、日本，一举拿下优胜奖杯。

5月份，徐奉洙九段在被称为围棋奥林匹克的应氏杯第二届中再现了老师②的风采，成功登顶。就在这个喜讯传来的下一个月内，我击退了赵治勋九段的挑战，实现了东洋证券杯的

① 真露杯世界围棋最强战是由真露集团和首尔放送（SBS）于1992年共同创设的世界围棋赛。中日韩三国各五名代表参加的擂台赛。共举办了五届，结束于1997年的2月。中日韩国家对抗擂台赛在此之后通过农心辛辣面杯世界围棋最强战举行。

② 这里指第一届应氏杯冠军曹薰铉。

两连冠。

7月份，被认为战况焦灼难分胜负的第六届富士通四强赛中，我的老师和刘昌赫九段分别战胜对手，在决战中遇到了对方。事实上，这已经确定了我们的胜利。韩国围棋横扫团体战和个人战，创造了旷世伟业。其中，刘昌赫九段的富士通杯夺冠之路如同电视剧情节一样一波三折。

我的老师和刘昌赫九段在半决赛中遇到的对手分别是被冠以可怕别名“刽子手”的加藤正夫九段和有“Rocky（火箭）”的外号、韧性十足的淡路修三九段。我的老师和刘昌赫九段两位在对局序盘的时候都有大量失误，直至终盘这些失误也未能挽回，以至于现场传言“日本赢定了”。看气氛胜负已定，就要结束了。

就在当地研讨室得出“无论如何都要输了”结论的瞬间，半目胜的翻盘上演了。被判定“逆转可能性为零”的刘教练扳过一局的捷报传来，紧接着被诊断为“已输掉了80%”的老师也传来了半目取胜的消息。

决赛时刘教练战胜了老师，成为了“征服富士通杯的韩国棋士第一人”。这次的成功，不可不称为韩国围棋的一件大快人心之事。

1994年2月，我和老师一同出战第二届真露杯并使韩国队取得了胜利。也许就是在那个时候，韩国职业围棋团体战长期作战基石开始形成。1994年，可以说是韩国围棋向着世界第一迈出第一步的元年。

看起来像是在炫耀，但请允许我在这里引用一本围棋杂志对老师和我二人组合的描述："即使是在WBC（世界棒球经典赛）上浓墨重彩地描上一笔的韩国棒球黄金继投，也没有曹李师徒二人的决战更华丽耀眼。"

在我看来，比赛中段"天敌"依田纪基九段一连五胜大展神威，而进入终盘老师采取的先发制人策略十分得当。

"没有明显的必杀技，但整体的战斗力是超一流的"，依田纪基九段从人们那里得到这样的评价。然而在老师闪电般的快速行棋面前，他还是暴露了自己致命的弱点。习惯于不断压制对方来制胜的依田纪基九段，作战节奏被老师的速度一举打破，最终只能无力地认负。

我的对手是日本主将武宫正树九段。用具有高度威慑性的宇宙流施展的压力让人联想到可怕的黑洞，然而武宫正树九段的这种行棋特点十分明显地暴露出来，对我来说也就没有什么负担了，对应策略的构想也不困难。首先确保实地，同时适当限制对手外势的形成恰巧是我最喜欢下的那种棋形。

最终我们斩获了冠军奖杯。一开始就扬言势在必得的武宫正树九段忍受不了失败带来的负面情绪，以至于拒绝参加赛后的饭局，悄然离开了。3局中最先落败的中国围棋界发出了"向韩国围棋学习"的呼声，引起了众多关注。

前辈的关怀与鼓励

真露杯结束后，棋风豪快华丽的日本著名的感觉派巨匠藤泽秀行向我递来了祝贺信，内容如下：

“首先想向李昌镐君表示祝贺。18岁就能够取得韩国各种大大小小比赛的冠军，这在日本也成为人们为之震惊、讨论不断的话题。我第一次听到李昌镐这个名字是在六七年前。当时曹薰铉九段说：‘我的徒弟中有一个非常厉害的孩子。’曹君曾是我的弟子，而李君又是曹君的弟子，这样算来，李君也算得上是我的徒孙了。

“那以后我尽最大努力一直关注着李君在围棋界的成长。大约在五年前，曹君又向我说：‘只要是在中盘以后，不论是和怎样超一流的对手相争，李昌镐总能略胜一筹。’此后，曹君手中的冠军头衔一个接一个被弟子夺走。师傅输给徒弟，这在胜负世界中是经常的事情，但是曹君也觉得自己似乎是无力招架。当年我看到曹君的时候，觉得他‘说不定有世界第一的才能’，十分感叹。而李君战胜了曹君，虽然这是时代交替所不可改变的，但是我的心里仍然有些失落。

“因为这样或者那样的理由，我十分想和李君对弈一番，而这个愿望，终于在上一个4月的富士通杯中实现了。结果我输掉了。但是，李君的围棋中并没有展现围棋的真正意义。或许正是由于李君在内心深处并没有体会到那真义。在这里好像还存在李君必须要去解决的课题。

“现在李君的围棋怎么说呢，或许用那句‘没有情感的围棋’表达比较恰当。能够震撼心灵的感动很少。围棋不单单是决胜负的游戏，它和音乐、绘画一样，是表达个性的绵延的艺术。要能称为艺术，就必须让人们受到感动，具有独特的创造性。站在仅仅是为了取得胜利的围棋面前，我们心中仍要想着这是忠实于自我表现的围棋。

“因为李君是世界第一，所以我认为你更有那样做的义务。那么，可以给人带来感动的围棋应该如何去下呢？我认为这是需要到达一个很高的境界才能够实现的事情，所以除了基本的棋艺学习外，更重要的是人自身的提高，只有以此为基础，才可能真正实现。

“有句话叫‘人间修业’。日本有一个叫作宫本武藏的剑豪。一生未尝失败的他并不局限于剑道的研究。他通过坐禅、绘画、扩大交际等不断地提高自身修养。流传到今天的他的画，都是一些水准极高的优秀作品。通过提高自身修养来提高剑道研究，这个例子是很好的启发。

“和剑一样，围棋也是人与人之间的战争。围棋是一个无限的世界。如果从人性层面提升到更高层次的话，那么围棋就会要多强有多强。那需要通过不断的切磋琢磨来实现。当然我并不是劝说李君也去坐禅或者画画，只是想向你提供一个参考才讲了这个例子。

“现在李君不过18岁，所以希望你不要害怕失败。你现在的年纪正是可以在盘上和盘外不断冒险的年纪。像我这种已走入人生终盘的老人，徒有羡慕的份。李君的前途肯定是充满光明、宽广无比的。最后还有一句：李君和日本的新人棋手的竞争也会愈加有趣。

“最近我通过研究会和集体住宿的方式培养着一批年轻人。虽然他们现在不是李君的对手，但我相信这些年轻人中的一部分在两三年之后肯定能和李君一较高低。希望到那个时候，李君也能够不断变强。我也会对这些年轻人严加训练，使他们能成为李君的对手。让我们都一起加油吧。”

◑ 藤泽秀行

这是一封充满真心真情的信。以前的时候，藤泽秀行先生曾向赵治勋九段写过一封内容类似的信。在第七届棋圣战七番棋中，藤泽秀行三连胜之后又四连败，把冠军头衔拱手让给了赵治勋九段。在那个原本应十分痛苦的场合，先生说：“治勋君仍然很弱。你的围棋中没有哲学内涵。希望你能更加精进。”患上酒精中毒症的藤泽秀行为了克服酒瘾发作甚至咬破毛巾，并在这种极端状态下坚持七番棋赛事的藤泽秀行先生，在向着最高头衔迈进的同时，比起结果，他更追求中间的过程。他是少见的具有艺术家气质的胜负师。

在具有敏锐感知判断力并有取向性的藤泽秀行先生眼中，我的老师（曹薰铉九段）所具有的围棋才能无疑是世界第一的。先生评价说像我这种追求“不败之路”的棋风实在是太艰涩了。我完全同意藤泽秀行先生的判断标准，而他关于在围棋之外需要人性修养的见解更是引起了我的共鸣。

所有的“缓慢”并不是绝对的缓慢，

只是相对于“快，更快”的现代生活下的思考方式而言的缓慢。

这种相对的缓慢可以称为“减速”，

围棋的速度并不是由外在的行棋速度决定的，

其中所隐藏的认知速度、判断速度才是决定因素，

如同衣服一样的合体，这才是恰当速度的核心，

如果换种表达方式，那么可称为“均衡”。

厚实中的敏捷

除了藤泽秀行九段，我还收到了另外一位围棋英雄给我的信件。他就是中国的聂卫平九段。

“韩国具有东洋特有的文化环境，这为围棋的发展提供了肥沃的土壤。由此曹薰铉、徐奉洙、刘昌赫、李昌镐等高手的纷纷涌现，并在棋坛扬名立万，这也是极为正常的。

“在这些人当中，最引人注目、被人讨论最多的要数李昌镐了。究其原因，一方面是因为战绩的突出，另一方面是‘了解以后才发现原来是个孩子’给人带来的惊奇感。我产生‘李昌镐非常厉害’这个想法，大约是在4年前。

“那时，我接受了中国围棋杂志《围棋天地》的邀请，对第三届富士通杯世界围棋大赛中李昌镐战小林光一的对局进行解说。15岁聪明异常的李昌镐对战在日本已经登上职业顶峰的高手小林光一，这场对局争夺激烈，难分高下。

“虽然李昌镐以极小的差距（半目）输掉了棋局，但是我们可以看到他真是可造之材。我当时就对局做了如下评论：‘后生可畏啊，但是如果想和超一流的棋手相匹敌，年轻人仍需要更加努力。’

“从那时算起，4年过去了。现在的李昌镐怎么样呢？战绩如何呢？几年前人们就开始纷纷评价说：‘李昌镐最终战胜了超一流的棋士。’那么现在，究竟谁是李昌镐的对手呢？我开始集中关心起了这些情况。

“李昌镐围棋最大的特点是什么，最优秀的地方是什么，最突出的弱点又是什么。这些问题对那些一直关注着李昌镐的人来说，是兴趣的所在。我到现在为止，还没有和李昌镐在棋盘上较量过。

“我一直期待着自己的弟子中有人可以和这位韩国的天才少年棋手相匹敌，我一直等待着那一天。如果我的弟子能够首先和他相遇，那么这也算是我们之间愉快的交流。

“虽然到现在为止我们从未在棋盘上相逢，但是我充分研读了他的棋谱。通过研读我感受到了李昌镐围棋的强悍。他能够看透盘上的形势并且正确地把握形势。这就是他最大的特征。他懂得如何根据现在的形势去判断将来要展开的形势。

“同时在他的围棋中包含着敏捷深奥的认识。他有直击对方要害的能力。在普普通通的行棋过程中果断地采取奇袭。可以看出，他是那种带着忍耐心，充分等待把玩胜利机会的人。

“动如脱兔，静如深海。在围棋中，沉寂是一种十分深奥的高境界，而他能够巧妙地寻找合适的点获取沉寂的实地。虽然他属于基本上好动的那个年龄层，但是‘少年围棋看上去像老年围棋’的印象正是出于以上所说的这一点，所以，也不难理解。

“他在收官时非常精巧而又小心翼翼，终盘几乎没有失误。这正是李昌镐最大的优势所在。虽然在一场对局中，无论是序盘布局，中盘还是终盘，哪一个部分有不足都不可能获胜，但是在决定胜利的激战的最后，即终盘，是左右对局胜负更有力的部分。他一到了盘上已经交错纵横十分复杂的终盘，就如同蛟龙得水，变得得心应手。

“彻底推算前后顺序，正确计算①的天赋，被他毫无差池地发挥出来。我看着手中李昌镐的棋谱，十分注意他所取得的实地。很多次，他通过收官，扩大已经围空的实地从而逆转形势。

“除此之外，李昌镐对围棋精神有着彻底的理解，同时又不断探索围棋的真谛。通过不可思议的天才般的能力和勤奋努力，他的行棋已经超越了一般的规则，而是通过自己独特的视角来表达一种围棋思想。总而言之，李昌镐是一个十分伟大的围棋天才。

“但是没有一个棋手能毫无失误。李昌镐也一定有他的弱点。如前面所说，我现在还没有和他对弈的经历。但是他的弱点和他‘后生可畏’的能力，我是切实有所感。如果李昌镐有非常明显的弱点，那么我希望他能够通过努力来弥补。相信随着他棋艺的提高，他那些若隐若现的缺点也会得到改善。

---

① 行棋过程中数目或对局结束后为分胜负而进行数目。

“韩国围棋正变得越来越强。作为中国的棋圣，我自己对这件事情表示欣喜。虽然个人感情上希望中国围棋更强，但是有竞争才有进步。韩国围棋自不必说，李昌镐的存在对中国围棋的发展是一种鞭策。

“积累围棋知识，领会围棋精神，历练实战能力，这三者无一不需要大量的时间。但是李昌镐只不过用了几年的时间，在还是个少年的时候就完成了三项要求，真是不可思议。”

◑ 聂卫平

聂卫平九段的评价和强调人性修养的藤泽秀行九段不同，他把注意力都放到了我的围棋和胜负上来。如果说藤泽秀行先生的信件超越了胜负，重在讨论“人生高度和宽度”，那么聂卫平九段则是侧重于对胜负本质的探讨和建议。对两位围棋巨匠充满真心的信件，我内心满是感谢。

在之前也有很多人不断地对我进行观察和评价，但是记忆中仿佛没有人用“敏捷”这个词语来形容过我。大多数人对我一致的评价和理解是“迟缓的厚实”。但是聂卫平九段却眼光独到地发现并注目于我围棋中的“速度”。

的确如此。所有的“缓慢”并不是绝对的缓慢，只是相对于“快，更快”的现代生活下的思考方式而言的缓慢。这种相对的缓慢可以称为“减速”。围棋的速度并不是由外在的行棋速度决定的，其中所隐藏的认知速度、判断速度才是决定因素。如同衣服一样的合体，维持适合棋局运转的速度才是恰当速度的核心。如果换种表达方式，那么可称为“均衡”。

胜负师中的胜负师

仅1994年上半年，我和老师之间的“争棋”一共包括5个头衔共27次对局。我最难以战胜的对手，无论何时，总是我的老师。我下棋最出名的弱点在于序盘布局，而老师对序盘的感觉世界第一。和老师进行的对局往往在序盘就陷入困境。1994年初的开幕战（大王战）中我0 ∶ 3失利，瞬时间背负了巨大压力。

但是凑巧的是，在之后的获胜奖金是大王战两倍以上的棋圣战当中，我反过来让老师吃了一次完败。相关人员笑着说：“曹薰铉陷入了弟子舍小取大的陷阱里了。”并且亲近的朋友也都这样开玩笑，但事实上这不过是就结果而言的妄加揣测。

虽然想到自己接受老师的教导恩惠内心充满矛盾，但是胜负是你死我活的博弈，如何付出和索取都是无法想象的。如同弱肉强食的丛林法则一样，这也是胜负世界的法则。

我的目标是“最强”。那么只有牺牲已经坐在最强宝座上的老师，我的这个目标才可能达成。老师痛彻心扉的失败越来越多，我的荣耀才会越来越大。

在曾经是自己获得的第一个冠军头衔，并且16年来一直卫冕从未弯过一次腰的霸王战上，老师站到了挑战者的位置。一进一退翻转的挑战赛，老师1胜2败，胜负悬于一线。

2月25日星期五晚上8点。老师看到我伸手去接冠军奖杯，呼吸仿佛停滞了。过了一会儿，老师点燃了一支玫瑰香烟，深深地吸了一口，然后又叹息般地幽幽吐出一句：

“这样又有何不可……”

每当此时我都会感到自己像个罪人。但是我又能改变什么呢？我甚至都无法去压制自己内心因胜利而迸发的喜悦。我能做的，只是低着头，等待这一切结束。虽然这种事情已经不是一次两次了，但是当我胜利的欣喜遭遇老师败北后的痛苦，由此而产生的惶恐，总让我感到莫名的压力。

幸而这种苦刑很短。当老师在像洪水一样把我们团团围住的观战者中间发表所感时，我便会像风一样冲出对局室，终于可以喘一口气了。

从1990年开始围棋评论员们对我们师徒之间棋战的议论，就像旱季扑不灭的山火一样了。如今人们还是不停摇着头充满了疑问，争论中更多人还是认为老师的实力更胜一筹。

从数量上看，老师的头衔仍是略胜一筹，但是这些头衔似乎又总会在某个不确定的时期归于我。老师在序盘、中盘占压倒性优势，但是到了终盘我总是一举扭转，这似乎成了一种特定的形式。第三十八届国手战挑战五番棋的最终局充分地展示了这种形式。

执黑的老师在对决过程中展现了绚丽的行棋速度和威慑力，他在这场最后的对局中倾尽全力，似乎要对我说："你要走的路还很长。"这是没有退路的最后决战。老师领先一步，我就会紧接着赶上，我一旦想要围空，老师就会冲入厮杀。

这真是充满浓重火药味的战场。即使在最后，盘上仍然是令人窒息的混战，连研究室里也十分的紧张。结果这场对局持续到283手，我以半目取胜。

1994年，我77胜20败，胜率79.4%。共获得了13个头衔，至此，我的总冠军次数达到了39次。

但是，我的老师仍然是那位藤泽秀行九段口中的天才中的天才，胜负师中的胜负师。

首先，老师戒了烟。在平昌洞地下仓库存放了一万支香烟的老师是一个绝对的Chain Smoker[①]，而香烟可以算得上是他胜负人生永恒的伴侣。做出戒烟的这个决定，真是下了巨大的决心。

---

① 形容连续不断抽烟的人。

老师戒掉了消耗自己的体力同时又消磨自身胜负气势的香烟，转而开始登山。我在“海水咒”、“飞机咒”等新词语所形容的难题困扰下止步于国内赛事，而这时老师却驱动着自己，速度行棋向世界，向更宽广的世界飞去。

第五届东洋证券杯决胜五番棋。依田纪基九段把我从十六强决赛圈淘汰出局，再次扮演了克星的角色。依田纪基九段成为了老师的对手。但是这次的对局却十分的好笑。如果是我遇到依田纪基九段，肯定是相当困惑，而当依田纪基九段遇到老师，他自己就乱了阵脚。

有名的“斧头打法和耳塞事件”由此展开。别名为“劈柴君”的依田纪基九段下棋态度是“一手一手敲出灵魂”[①]，这是崇尚武士道精神的依田纪基九段特有的习惯。

他是那种既重视精神又对外在的气魄相当在意的人。所以会用类似于用斧头劈柴的方式来下棋，这也算是一种运行气息。虽说老师曾经在日本接受过专业围棋课程，但是仍不清楚这种态度是不是会令他反感。或许正是因为有反感事情才会向下演变。

5月6日，在釜山的天堂海岸宾馆拉开序幕的决胜五番棋，一场难得一见的有趣场景上演了。一人如同劈柴一样不断劈着棋

① 译者注：依田纪基九段在下棋的时候，每下一手都是将力量贯穿手臂，如同日本武士刀劈一般将棋子重重打在棋盘上，棋子“啪啪”作响。在日本，下棋也称“打棋”。

盘，而另一人则不断地小声嘀咕着什么。劈柴的人自然是依田纪基九段，而自言自语的则是老师。

实际上，老师在对局中的自言自语从之前就很有名了。自白的内容十分多样并且不管盘上形势如何，那种类似于自残一样的嘀咕声都是基本存在的，并且有的时候还会冒出带有旋律的流行歌曲。老师时不时用对方似懂非懂的日语自言自语，这显然给依田纪基九段带来了困扰。

决赛第二局早上，依田纪基九段来到了对局室，观察他的记者们开始点着头，指着他的耳朵窃窃私语。哦，原来是耳罩。宾馆室内始终维持的是最适宜的温度，耳朵肯定不会觉得冷，那么是为什么呢？答案在对局结束后被揭晓。

决赛第一局和第二局两连败的依田纪基九段还没能够完全消化掉自己的恼怒，一出对局室就被蜂拥而来的勇敢的记者围住，其中有一位问道：“到底为什么要带耳罩呢？”依田纪基九段带着一脸生气的表情，回答说：

“困侃，乌达乌达……”

“困侃”是薰铉的日语发音，而“乌达乌达”则是自言自语嘟嘟囔囔的意思。这句话是说，由于曹薰铉自言自语搅扰神经，所以带了耳罩。

但是带耳罩这个举动是个致命的失误。耳中有能够维持人体平衡的第三观感。如果长时间堵住耳朵的话，听觉器官中就会产生小的异常从而导致轻微头痛甚至眩晕症。对精细的神经有高度敏锐要求的序盘，需要高度集中力的中盘和需要计算的终盘，每一个阶段耳罩都会带来致命的障碍。

我和韩国围棋界的相关人员们都忍不住迸发出来笑声。但是老师的这种自言自语只能留在记忆中了，成为了再也不可能的事情。因为在围棋成为正式的运动，地位提高的同时，韩国棋院重新规定了围棋比赛中的规则。

其中，比赛规则第五章“法则”中规定道“选手若有以下任何一种行为，则将受到韩国棋院的警告。警告两次以上，韩国棋院将会在通报相关个人的同时，向上汇报给赏罚委员会。”老师的自言自语至少违反了禁忌中的第一、第四、第七条。

1. 禁止用鼻子哼歌。
2. 禁止用扇子和核桃等发出声音。
3. 禁止把玩棋子，发出碰撞声。
4. 禁止一切能引起对方不快的语言和行为。
5. 禁止下子位置不清晰。
6. 禁止从围棋盒以外的地方拿出棋子对弈。
7. 禁止其他一切比赛委员会认为有碍比赛的行为。

这是后话。决赛第二局败北的依田纪基九段在接下来希尔顿酒店中继开的决赛第三局中没有使用耳塞。取而代之，他带了一把日本传统的扇子，在比赛过程中用力扇着，仿佛要把老师的自言自语都扇走。难道真是扇子的效果吗？依田纪基九段赢了这一局。但是扇子的效果好像也就仅仅只在这一局。

老师似乎已经有了战胜依田纪基九段的必胜战略。对局之前老师在接受KBS电视台采访时说："依田纪基九段是个没有明显优点，但是更加没有缺点的棋手。所以在对局中，谁的失误更少，成为了胜负的关键。"对局之后的采访中，老师又评论说："依田纪基九段看上去好像不喜混战。所以我故意朝着混战的这个方向来引导，果然切中要害。"

决赛第四局按照老师意图的战略疾风骤雨般地在157手时结束了。老师取得了不计点胜[①]。继1989年应氏杯冠军后，老师第二次品尝到了世界冠军的喜悦。

与此同时，在2个月后的第七届富士通杯绵延两年的决胜赛中，老师压倒了同行的刘昌赫九段，捧回了冠军奖杯。应氏杯、东洋证券杯、富士通杯，还有团体战真露杯，老师成为了称霸所有世界大赛的第一位棋士。又一次，我回到了一边看着老师高大的背影，一边不断努力追赶的位置上。

① 不计点胜，胜负悬殊巨大，无需计算。

人无完人，围棋之外的我只是渺小

不知道从何时起，演艺明星和体育明星们只要在所属的领域取得了民众的支持，就会被冠以“国民”的前缀。“国民歌手”赵勇弼、“国民演员”安圣基、“国民击球手”李承烨、国民妹妹“金妍儿”……十分惭愧地，我也顺应潮流被称为了“国民棋士”。同时毫不迟疑地向我走来的兵役成为我的一个分水岭。

韩国的男子汉们只要在学历和身体上没有障碍，那么不论是谁在19岁之后都要接受征兵检查，履行兵役义务。职业棋手们通过了比检察官考试还难的职业关后，还要无一例外地通过兵役这一关。

1995年我正式成为了征兵对象，这在围棋界引起了一阵不小的风波。在十几岁的时候取得全国冠军乃至世界冠军的李昌镐，从个人性格来看，无疑是难以适应特殊的兵营文化的，围棋界全体人员充满了忧虑。在近处不断观察我举手投足，相关人员这时意见一致统一，他们认为：

“他如果进入部队，肯定会成为一个傻子。我们必须要阻止。因为国家的宝物说不定会堕落成为一个废物。”

在应该专心于胜负的年纪，要经历三年以上、完全是另外一个世界的严格管制的生活，这对于一个棋手来说，是致命的。

而我这样一个对于围棋胜负以外的生活都一贯反应迟钝、行动缓慢的家伙，无疑又大大增加了人们的忧虑。

最终，当时担任韩国棋院理事长的张在石联合其他共105名国会议员组成了“李昌镐后援会”，不断向上进行兵役法实施条例变更请愿（通过这次请愿实现了1994年12月6日兵役法施行令第四十九条的变更）。因为一个人的兵役问题而产生的这一系列的活动，或许这将是在韩国宪政史上前无古人后无来者的记录。

这次事件也使得围棋的地位得以大大提高。经过数千年的时间作为传统大众文化一部分的围棋一直不过是富人家舍廊房[①]中的游戏，而此刻围棋冲出了这个牢笼，开始向着艺术、运动的方向更进一步。

作为职业棋手享受合法兵役优惠政策的第一人，我于1995年3月27日和文化体育部长官李敏燮进行了面谈。决定接受4周的军事训练，同时进行3年的公益勤务要员服务。

二等兵，李昌镐，番号96-9304394。照片上的我穿着绿色的制服，用多少有些生硬的姿势敬着礼。如果我没有享受到兵役优惠政策，真会成为废物吗？嗯，没有走过的道路谁都不知道会是什么结果，但是通过那4周的经历推断，变成废物是绝对有可能的。

---

① 译者注：韩式房屋的房间是分等级的，舍廊房为男主人起居、阅读、游戏的房间。

4周的新兵训练期间，我让助教和同期的训练兵们讶然失色。

“练兵场先后顺序集合！”的命令一喊出，接下来是“从后面报数！”结果报数一结束就会发现少了一个，那个空缺的位置就是我。

“又是李昌镐啊……”

助教的叹息声连日不绝。因为不会系军靴带，我在整理内务时愣是眨着眼睛束手无策。

“你在外面生活的时候难道就没系过鞋带？”

“一次也没有……只穿过运动鞋……”

面对可怕的吼声，我条件反射似的回答，一下子让助教气得血压升高，抓住了自己的后脖子。可是，又有什么办法呢。真的只穿过运动鞋，并且因为穿不了有鞋带的运动鞋，所以穿的都是“带粘扣的鞋”。

最终，助教实在是受不了我这个活宝了，自己采取了个下策：给我换了一双没有鞋带，带着摁扣的军靴。多亏了那位亲手给我的军靴安上摁扣的助教，我的军事训练生活才能够相对顺利地进行。

三年后的1998年3月26日，我从文化观光部地方文化艺术科拿到了召集解除证。

这种恩惠也延续到了后辈那里。

2004年富士通杯冠军得主朴永训，2003年富士通杯亚军宋泰坤，2005年应氏杯亚军崔哲瀚，2006年富士通杯冠军朴正祥等因为相同的原因获得了兵役特惠（在围棋成为韩国体育会的正式成员，变为一种公认体育运动后，兵役特惠的门反而关小了。2010年广州亚运会上获得金牌的赵汉乘、姜东润和朴廷桓便是体育围棋中第一批兵役特惠的受害者）。

大约这个时期，全国的儿童围棋教室如同雨后春笋，爆发性的增长成为了一时的潮流。这是一个非常重要的文化现象。随着我的老师在世界棋坛上的称霸，围棋终于摆脱了赌博的标牌，获得了艺术和体育的新形象。棋院摆脱了烟雾缭绕的旧貌，家长们开始觉得围棋是值得让孩子去学习的富有教育价值的“精神技艺”。

而事实上在过去，因为职业棋手这个别扭的职业引发的小故事有很多。有一个职业棋手为了得到结婚的许可去拜访自己的岳父，在未婚妻家中，他听到自己岳父这样说：

“你说自己是职业棋手？哎呀好笑，围棋也算是一种职业？就算是吧，那我问你，你一天赚多少钱？”

在那个时代，多数人都认为职业围棋还是那种押上部分钱，进行赌棋的活动。还有一个类似的故事。在施行宵禁的那个时代，有一位职业棋手半夜走在街上被逮到了派出所。例行问讯的警察问道：“职业？”那个棋手回答说：“职业棋手。”

结果调查表上写的却是“驾驶司机”（韩语中“棋手”与“司机”发音相同）。这也难怪了，就连把现代围棋引入韩国的赵南哲先生也曾被邻居们称为“赌棋混混们的头目”，真是难以言说啊。

我在公益勤务要员服务期间（1995年3月27至1998年3月26日），获得了32个国内外棋战的冠军头衔，冠军获得总次数达到了77次（以召集解除日为准）。

尤其值得一提的是，我在新创办的第一届LG杯世界棋王战和第二届三星火灾杯，第九届富士通杯，第七届东洋证券杯，第七、第八届亚洲电视快棋赛中取得了冠军，算是做了些为国争光的贡献。

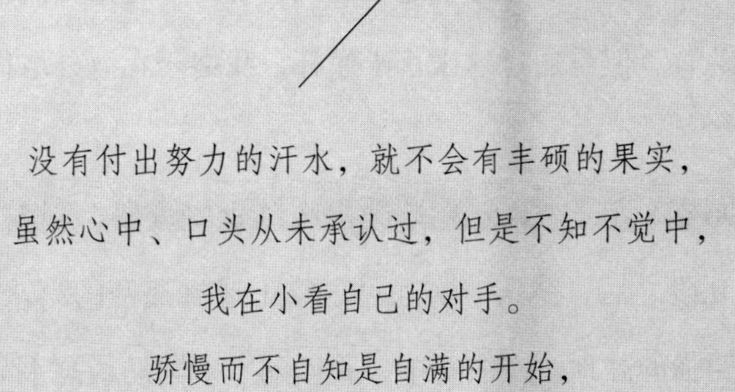

没有付出努力的汗水，就不会有丰硕的果实，

虽然心中、口头从未承认过，但是不知不觉中，

我在小看自己的对手。

骄慢而不自知是自满的开始，

不自知的同时又故作谦逊，这是自满的过程表现，

继而更进一步错将故作谦逊当作十分谦虚，

一步一步，如同围棋的序盘布局、中盘攻防，最终走向失败。

克服压力，拒绝“魔咒”

人们嘲笑我说“李昌镐只要一涉水就使不出力气”，我一直是一个摆脱不了“水诅咒”的世界第一棋手。终于，一雪前耻的机会在1996年到来了，我横渡大洋，一举打破了这个魔咒。

第九届富士通杯世界围棋擂台赛决赛中，我解开了“只能在国内逞强的冠军”这个心中的大疙瘩，重新向世人展示了自己的存在，对于我自身来说，这场比赛的胜利可以算作是人生的一个里程碑。那个包揽韩国围棋大小头衔，同时在韩方主办的世界比赛（东洋证券杯）中夺得三连冠的我，曾经一走出国门便会受到落败的羞辱。但是通过这次富士通杯，我终于在海外取得了世界冠军。

1996年8月，东京。在连续击败陈永安五段、聂卫平九段、王铭琬九段之后，我第一次通过了富士通挑战赛的第八轮棋战，登上了四强的高地。在决赛中，我遇到了中国的最高手马晓春九段，但是，那看似和我无论如何也没有缘分的富士通奖杯，最终竟让我捧到了怀中。

1996年这一年中，我先是作为团体战的一分子，和队友们一起取得了真露杯世界围棋最强战的冠军，并在东洋证券杯、富士通杯、亚洲电视快棋赛中实现了两年连冠。之后又在由《东亚日报》主办的中日韩三国特别邀请世界围棋最强战双打中，与日本的武宫正树和中国的马晓春交手，并实现了四战全胜。获得的奖金数额达到6.4亿韩元，刷新了国内职业棋手收入的最高记录。

剩下的一个目标便是有着悬赏额最高、四年举办一次、有围棋界奥林匹克之称的应氏杯了。继老师首次摘得应氏杯桂冠的四年后，徐奉洙九段再次为韩国赢得了这一荣誉，而现在，“世界最强韩国”的接力棒交到了我的手中。

我的应氏杯之路始于1992年第二届应氏杯的出战，但是这并算不得是一个好的开端。恰恰相反，十六强之战对我来说简直是个噩梦。现在我无从记起当时是否说过这样的话，但是那次的失败所带来的巨大冲击严重到使我产生了想要放弃围棋的念头。

十六强战中我的对手是世界最强的女棋手芮乃伟九段。虽然被称作世界最强，但是在世人眼中，那也不过是在女性棋手范围内的世界最强，而当时男女棋手之间实力的差距还是很大的。所以几乎没有人能想到我会被芮九段打败。

芮九段从序盘便展开了猛烈的攻击，果断地采取全面作战的策略。直到终盘，盘上仍然是犬牙交错的一片混战，我在右下角的攻防中不幸触礁，在193手时败下阵来。

如同前面说的那样，当时我受到了沉重的打击，甚至想到过放弃围棋，并且这次打击的后遗症也持续了相当长的时间。之所以会有这么大的冲击，究其原因，却不是单纯的因为失败的结局本身，而在于通往这次失利的过程。

芮九段的实力丝毫不弱。她的棋才自不必说，但比起依靠棋才，她更是那种靠着对围棋的满腔热情而奋斗的棋手。或者可以这样说，如果以投身围棋事业的纯粹的热情来评价的话，芮九段是当之无愧的“世界第一”。

我之前便了解到这一点，所以对局中并没有因为芮九段是女性棋手而怀着一种高枕无忧的心。但是到底是为什么我下出了如此蹩脚的棋呢？这个连我自己都很难理解。“原来我不过就是这种水平而已”，类似于这样的自愧感很长时间里一直徘徊在我的脑海中，挥之不去。

有专家认为我失利的最大原因在于“李昌镐所特有的强迫观念”。这个我不是很清楚，或许真的有一定心理作用的因素在里面。但是无论是何种理由，为我那不像话的表现辩解起来都十分苍白乏力。

我所知道的解决方法只有一个，那就是一遍又一遍地翻出那些失误的地方不断反刍回味，以杜绝类似失败的重现。为什么自身的优势一点都发挥不出来呢？为什么只能被动地按照芮九段的节奏行棋呢？为了搞清楚这些问题，我复盘一遍，再复盘一遍……

最终我找到了答案。虽然不是什么新发现，但我又一次重新认识到了这点：没有付出努力的汗水，就不会有丰硕的果实。在东方鱼肚渐白而头脑愈加昏沉之际，我仿佛看到了那隐藏在浓雾中的小路，我找到了那个症结所在：虽然心中、口头从未承认过，但是不知不觉中，我在小看自己的对手。

下围棋的人都会通过亲身体验充分认识一个真理，那就是：自满过后是败招。骄慢而不自知是自满的开始，不自知的同时又故作谦逊，这是自满的过程表现，继而更进一步错将故作谦逊当作十分谦虚，一步一步，如同围棋的序盘布局、中盘攻防，最终走向失败。这是我近三十年终日与围棋相伴朝夕，历经无数次的实战才最终领悟的道理，并且也是对我最具警示性的道理。

4年后，也就是在1996年的第三届应氏杯十六强战中，我又一次与芮九段对战，不过这一次的比赛，成为了我一雪前耻的战斗。执黑的芮九段首先展开外势作战，这时的我又十分想冲入阵中进行一番劫杀，但是我控制住自己，没有卷进混战当中。所以这次的对局，我始终没有失去重心。对局一直持续到247手才以我的胜利告终，但事实上胜负早在我稳住阵脚的那一刻便决定了。

或许是自己在十六强战中击败了芮乃伟九段雪耻成功后有些欣喜地飘飘然，所以越过这一关到达八强战时，我很快就被淘汰了。但是八强战中和我对阵的是刘昌赫九段，这算是件幸运的事。因为刘昌赫九段在将我淘汰出局后一直走到了决胜五番棋的最后，并且在与依田纪基九段的一番较量之后，夺得冠军。

在围棋胜负中，抢占先机压迫对方是很困难的，
而想把这种先手优势一直维持到最后，则更是难上加难，
因为一旦意识到自己存在优势，
那么不间断的诱惑就会随之而来。
遇到复杂棘手的情况，自己便会想要逃避，抽身事外。
逃避对方的挑衅，不是因为害怕，
而是要认清方向，尽快结束战斗。
能够无视种种诱惑，自始至终都保持一颗平静的心，
才是制胜的秘诀。

国家荣誉重于山

2000年人类进入了千禧年，迎着新千年的曙光，我终于向着大众所期待的方向迈出了第一步。我的老师和徐奉洙九段、刘昌赫九段先后取得了这四年才召开一次的“围棋奥林匹克”应氏杯冠军。此时，该轮到我上场了。

4月28日9时20分，第四次应氏杯远征队从金浦机场出发了。2个小时20分钟的飞行后，我们抵达了上海。这次的远征队队员有老师、徐奉洙九段、梁宰豪九段、刘昌赫九段、崔明勋九段和我，一共六名。其中刘教练被选定为前期优胜者种子选手，老师和我被指定为国家种子选手，我们三人将在决赛第二轮出战。4月29日拉开帷幕的决赛第一轮中，徐九段、梁九段、崔九段出战。

当时比赛气氛十分紧张，但是我却内心平静踏实，因为从1999年末开始，我的中国远征全程中都会有一位特级经纪人的陪伴。万能的经纪人帮助我解决从比赛到日常生活的所有问题，而这个经纪人，正是我的弟弟英镐。

英镐是个天才的经纪人。从日程检查、住宿、饮食，到安排那些符合我口味的中国当地围棋杂志的采访，所有的一切都被安排得恰到好处，掐断了一切存在不和谐因素的可能。看到英镐的这种突出能力，我觉得这正是父亲和已经去世的爷爷身上那种“商才”特质在弟弟身上的体现。

很长时间内在人们口中被议论不停的，我的“海外对局魔咒”终于消失了。虽说是多次参加海外比赛，逐渐对环境有了一定的适应性，而更重要的原因则是由于英镐给我创造了和家中一模一样的舒适环境。

同时，英镐又是一个老练的企业家。不知何时突然冒出一句“哥，我要去中国”，然后就一下子飞去了北京，并且用了不过三年的时间便收购了一个稍小的饭店，真是个有能力的神奇的家伙。自己的哥哥获得的奖金有多少，英镐大体是知道的，然而他却从未向我伸过手。他现在所拥有的巨大产业都是自己白手起家赚得的，真是厉害啊。

决赛第一轮中只有同龄棋手崔九段通过选拔。5月2日继开的决赛第二轮（十六强战）中，经历了第一轮洗礼的崔九段，以及获得第二轮资格的刘教练，另外还有老师与我一起为了应氏杯的夺冠，冲入了热战当中。

我在十六强战中的对手是日本的王立诚九段。出生于中国台湾的王立诚九段在2000年初战胜赵治勋九段，取得了日本排名第一的棋圣头衔，是位绝对强者。具有好战棋风的他在复杂纠缠的局部战中尤其强悍。

执黑的王九段从序盘开始就先占实地，为了推倒我厚实的防御，他不断进行挑衅。但是我却丝毫没有想要厮杀的打算。正相反，我一直在平稳推进中不断累积实地，并且在中腹进行了排空作战。于是在棋局进行到162手的时候，我便十分轻松地拿下了这局。

两天之后的八强赛是通往应氏杯决赛的最后一个关口。对阵抽签后的结果是，我要面对天才中的天才依田纪基九段。而以往我和依田纪基九段对局的总战绩是2胜7败。并且在应氏杯之前的1999年亚洲电视快棋赛中，我败给了依田纪基九段，获得亚军。失败的场景仍历历在目，所以这次应氏杯的再次对决，我感到压力非常。

每逢大的赛事就会穿日本传统服装出场的依田纪基九段是一位典型的日本武士。在围棋之外他所流露的姿态和气势要比任何人都强烈，而在棋盘上，他则是那种“没有特征便是最大特征的”冷酷而异质的对手。

人们在评价他的时候说：“序盘、中盘、终盘，根本看不出有哪一部分是他特别强的地方。”似乎有贬低的意思，然而这句话反过来说的话，则变成：“序盘、中盘、终盘，根本看不出有哪一部分是他特别弱的地方。”

并且如果你再回想到1996年三星火灾杯和应氏杯决赛中，他和刘昌赫九段“80万美元的黄金对决”的顶级棋手的风姿的话，那么你可能就会充分理解“没有特别强的部分，就是所有部分都很强”的意思了。功夫棋[①]扎实厚重，绝不轻易言败，这就是他的风格。

比赛果然如同预料的那般艰难。从选择棋子开始，依田纪基九段就十分符合他天才身份地展现了气势上的先发制人。根据应氏杯的规则，黑棋贴子要贴7目半[②]，大部分的棋手都会倾向于选择白子，然而依田纪基九段却充满自信地挑了黑子。

但是，或许是因为在以往的对战中占据压倒性优势，所以心理上产生了优越感，这种优越感又和随意放弃选择白子的情绪产生了相互作用，使得依田纪基九段似乎已经充分满足。对局序盘中，依田纪基九段表现得并不像是一个气势汹汹的武士，而如同是一个吃饱了的无心捕猎的狮子。

有句古话叫作“饥饿的狼最会打猎”。第四届应氏杯，我在头脑中比任何人都绷紧了弦。如果这次与冠军失之交臂，那结果将不单单是失去一个世界冠军头衔，而是中断了韩国在“围棋奥林匹克”上的连冠之路。

没有什么能够像责任感一样使人强大。当时“只剩下我了，全靠我了”这种意识以前所未有的强度刺激着我的大脑。说起来有些好笑，我的胜负节奏总是在责任感达到顶点，且由其产生的

---

① 译者注：功夫棋指双方不比拼杀棋“火力”，而靠扎实的基本功争夺胜利的棋。

② 贴子，也作贴目，围棋术语。指黑方由于先手，在布局上占有一定的优势，为了公平起见，在最后计算双方所占地的多少时，黑棋必须扣减一定的目数或子数。举例来说，如果贴目为7目半，则对局完成之后，黑方比白方至少多出7目半才算是获胜。如果仅多出7目，则白方半目胜。

负担压遍全身的时候，或者当坐席上所有人对我胜利的可能性持悲观看法的时候，才能够达到最高潮。

在这里我想引用一段他人的话描述我当时的状态："背负着无从逃避的责任感，李昌镐站到了无异于国家对抗战的胜负舞台上。最后一个出战的他变成了那个即使把自己榨干，也要拧出最后一滴油，把他的能量发挥到极致的人。"

说的倒不假，作为最后一位代表出场，这仅存的胜利机会的确给我带来了巨大的压迫感。没有过这种经验的人恐怕很难理解。以前为了避免这种情况的发生，在参加团体战时，我都极力推辞，不愿意作为主将出场，可是每次都不能遂我的心愿。

说我是爆发出最后一滴油的力量吗？其实还不如说是种"痛苦的力量"。但不管叫什么，总之都是一种绝境中的迫切的力量，是一种要在这盘棋中用尽所有力气的意志。

跟那种极端状态下的我相比，依田纪基九段有些松弛。或者说他的自信感已经超过了安全警戒线。自信真是一种奇妙的东西，有的时候它会带来足以压倒对方的气势，而有的时候，它便会越过应有的位置，成为向对方暴露要害的漫不经心。而在围棋中，当必要的精密轰然倒塌时，自己的棋便无法再由自己掌控了。

265手，黑方3点胜[①]。面临天敌般的对手，在独木桥板狭窄

① 译者注：原书此有误，应为李昌镐执白获胜。

的胜负路上，就那样，结局到来了。而在那局棋之后，我便如同踏上了无风大道。四强战中的对手俞斌九段是1997年第九届亚洲电视快棋赛中的冠军，2000年第四届LG杯世界棋王战中他击败了刘昌赫九段成为冠军，各种赫赫战绩表明他也是个不可小觑的对手。

然而俞斌九段之于我，如同我之于依田纪基九段，并且我的棋风显然不是他所擅长对付的。半决赛三番棋中，第一局243手，白5点胜，第二局205手，黑不计点胜。比赛就这么结束了。

终于到了众盼已久的决赛。11月1日，在中国四川省成都市，决胜五番棋上演了。这次与我对弈的是常昊九段。1997年我们在中韩天元战中首次相逢，一见如故，从此在盘上盘外都维持着真挚的友谊，他是我在胜负世界中最好的朋友。

通过中日超级对抗赛重新树立起中国围棋自尊心的聂卫平九段，在首届应氏杯中败给了我的老师。当时他留下了这么一句话："我有一个特别出众的弟子。我相信终有一天，他会替我解此夙愿。"并且在1994他给我的来信中也有写到这样的希望：希望我的弟子中能够和你相匹敌的那一个人赶快出现，如果我的弟子能够和你碰面，我想那也算作是我们之间愉快的围棋交流了。他的预感和他的期待都成为了现实。

聂九段所说的杰出的弟子便是常昊，他的预感算是一发即中。而他的期待，通过我们之间的对局实现了。第一届应氏杯决赛对阵双方的弟子们，在第四届应氏杯决赛中相遇了。

11月1日，决战日的曙光开始闪亮。被尊为“活棋圣”的吴清源先生宣布了这场历史性对局的开始。我们通过猜先的方式来分黑白。作为年长者的我（我比常昊大一岁）握住一把棋子，而常昊猜中了那是双数。

这样黑白的选择权便到了常昊的手中。但出人意料的是，常昊选择了黑子。对我来说这简直是幸运的先兆。应氏杯中黑方的负担很重。虽然先手的“先招”布局效果很好，但是应氏杯贴目数量带来的反效果要远在这个之上。所以黑方必须从一开始便积极作战才有可能赢得棋局。理所当然地，我也是希望执白，而享有选择权的常昊白白地把这个礼物送给了我。

常昊和我的棋风相似，都是喜欢那种厚实的、长呼吸的比赛。然而需要积极快速行棋布局的要求和常昊的棋风是背道而驰的，真是搞不清楚他当时为什么要选择黑子。或许他是想要通过积极的作战来打破对李昌镐1胜9败的铁链？用选择黑子的方式来表明自己的意志？

但是那早已溶于自己身体内的习惯比意志更为强大。倾向于长线战局的常昊选择了需要快棋作战的黑子，无论怎么看，这都像是一次判断失误。“要胜利就要舍弃”这比赛中的金科玉律是让我们抛开不必要的负担，轻松行棋，而绝不是给对方以实惠的意思。最终，这场长达305手的对弈白方完胜。

黑方一次都没能抓住翻盘的机会，十分虚弱无力地倒下了。对局结束后，常昊带着略显沉痛的表情发表了感想。

“一次都没有好转的迹象。因为贴目的原因，自始至终都负担沉重。”

败因果然是选择黑子的战略失误。

被称为“日本的Peter Drucker”的经营学者野中郁次郎著有《战略的本质》一书。其中对战略做了如下分析：战略并不单纯指的是桌面上的作战计划，而是与对手的一种相互作用。

围棋是以战争为模型，双方较量战略的游戏。施行战略的最高指挥官必须对和战争相关的所有因素以及敌人所可能采取的行动进行细致精密的分析，全面分析过后才能确定最终行动方针。这个过程在围棋中便以布局、定式、中盘、终盘、封盘的过程一一展现。

从这个意义上来说，常昊送给了我想要的东西，无异于是把战争的主动权交到了我手中。

两天后，在同一场所继开的决胜第二局预告了整个系列赛的命运。这场对局不知是由于大赛所带来的负担还是别的什么原因，完全没有按照我们二人那种厚实的、长呼吸的节奏进行。

从开始到结束，盘上满是激烈的交战和搏斗。执白的常昊仿佛还在意着“第一局我本来应该执白子的”，一直尽情地施展着自己的战法。但是我的黑子却拥有着那种不为人所见的厚实的财产。在如同充满迷雾的未知的森林中央，存在着我所期待已久的那个获胜地点。

比赛一直十分紧张，直到最后一刻，我的手中都攥满汗水。328手，黑方1点胜。常昊直至终盘都一直坚信自己会胜利，他的信心从未动摇过。在最终确定自己失败的那一瞬间，常昊的脸非常明显地苍白了许多。

这是胜负和友谊交织的瞬间。我所能做的只是安静地待在座位上直至常昊起身。我们这两个全身心投入比赛倾尽全力的人，如同约好了一样，对局一结束就奔进旅馆卧室，像死了一般蒙头大睡。

应氏杯决胜第三局，我们两个人对坐在棋盘面前，似乎我俩在所有方面都处于正好相反的情况下。正是我们两人头脑中所铭刻的极端观念，不停地变换着棋盘上的胜负走向。胜负的所有法则都是遵循“物极必反”①的规律进行的。

决胜第三局我执白子。对局二人棋风相似，黑子贴目负担

① 也有绝处逢生之意。

重，以及之前我已取得的连胜，三个条件决定了此时的我处于压倒性的优势地位。

但是常昊在被逼迫到悬崖绝境时又重新找到了自我。这一局他并不纠结于部分的实地得失，而是厚实地掌握全局。而我则感到始终被什么所追赶着，不断地在棋盘上四处游走，沉重缓慢地沿着我的棋路前进。然而这时常昊突然亮出了早已准备好的利刀向我袭来，对我而言，一切都无从挽回了。129手时，我举手投降。

2月15日，结束了决胜第三局的我有一天的休息时间。但是为了维持那种饿狼一样的比赛状态，我闭门不出，蛰居在旅馆研究棋局。

比赛当中没有对局的日子里，我都会习惯性地睡一上午。但是那一天，我没有睡。上午10点钟，我一睁开眼睛便找到棋盘，摆棋局，一把抹掉，再摆，再抹掉……这种反复的学习一直持续到决赛第四局当天的凌晨。

上海是常昊的故乡。在棋迷们全力的呐喊助威下，常昊取得了决胜第三局的胜利，对阵李昌镐连败的铁链终于在5年后被打破，他的表情重新明朗起来。虽然决胜五番棋到此时我1败2胜，仍然领先一步，可以说常昊并没有摆脱身处绝壁之上的危局。但是棋迷们一边倒地声援常昊，比赛会场的形势如同我们已经回到了胜负的原点。

并且这次对局我是负担较重的黑方。研究室的评价是“白方的优势非常明显”，如果这一局白方获胜，那么比分变为2：2，赛事真的就回到起点了。而在大多数比赛中“后来追上的人心理上更有优势”，所以这种局势下，反而是我被逼到了生死线上。

但是，有句话说得好：“危机中有机遇。”这句话反过来说的话，就是“机会也会变成危机”。

在围棋的胜负中，抢占先机压迫对方是很困难的，而把这种先机优势一直维持到最后，则更是难上加难，因为一旦意识到自己存在优势，那么不间断的诱惑就会随之而来。遇到复杂棘手的情况，便会想要逃避，抽身事外。逃避对方的挑衅，不是因为害怕，而是要认清方向，尽快结束战斗。

能够无视种种诱惑，自始至终都保持一颗平静的心，才是制胜的秘诀。正是因为如此，所以在围棋胜负的世界，艺术的世界，乃至商业的世界中，那些取得成功的人士无一不在强调“要回到起点”，始终不改初心。

常昊已经胜券在握，所以他悬着的心放松了，结果最后在终盘的时候，他松开了手中的胜利。一步一步后退，急于结束战争的这种欲望一抬头，那已经重新找回的初心就再次分散不见了。看他的样子，好像是已经忘记了我是那个越到后来越能够发挥出力量的“官子天下第一的李昌镐”了。

游戏走向终点。曾因为常昊的优势而一度沸沸扬扬的中国研讨室好像是预见到了胜负的结局，安静了下来。304手，黑3点胜。继老师、徐奉洙九段、刘昌赫九段之后，我在这历时16年的奥林匹克围棋接力赛中，拿过了那个黄金接力棒。

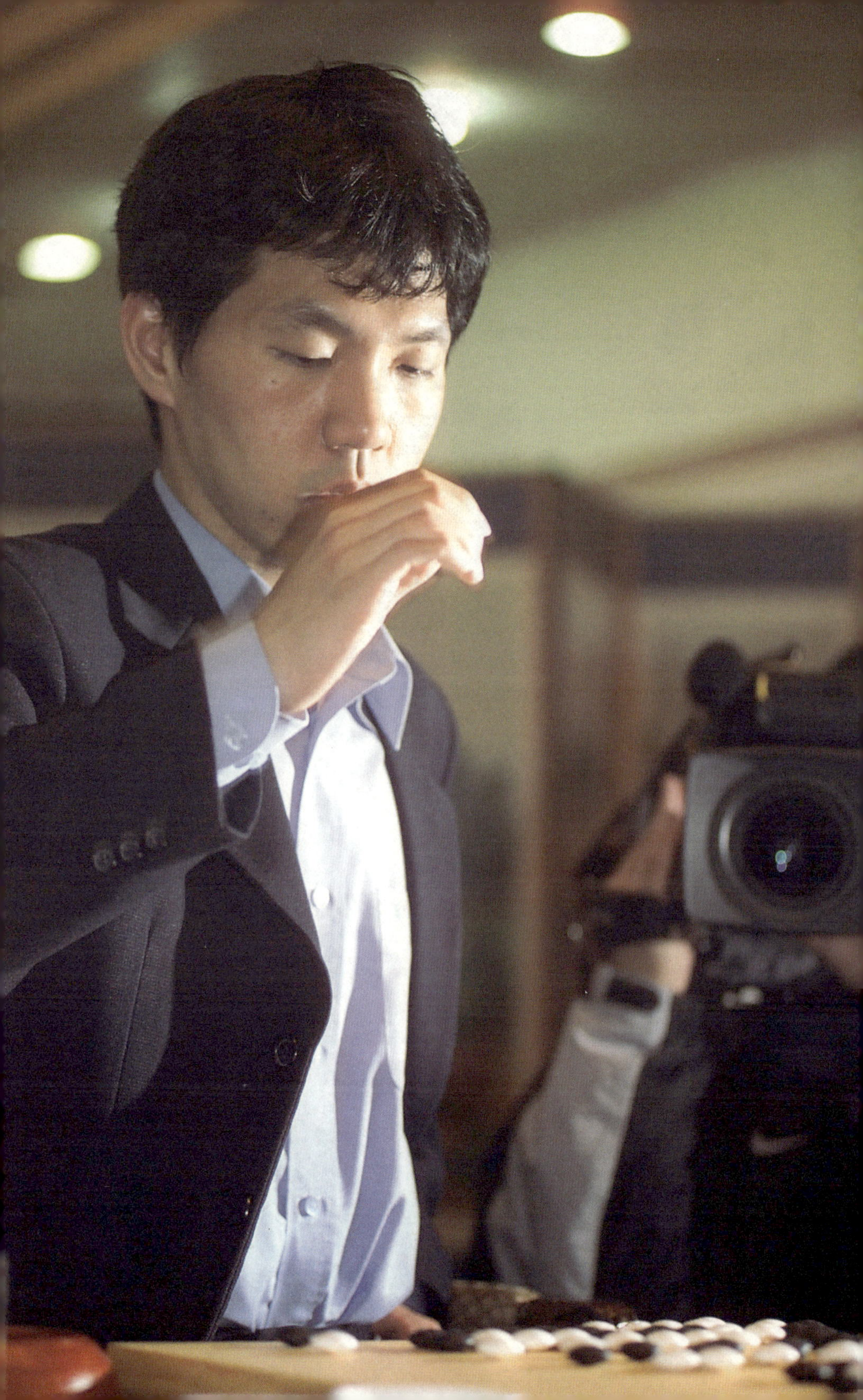

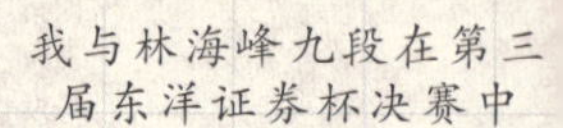
我与林海峰九段在第三届东洋证券杯决赛中

我与朴永训九段在对局中

我与王檄九段在第六届农心辛拉面杯赛后

首届韩国元益杯十段战我与朴永训在颁奖仪式上

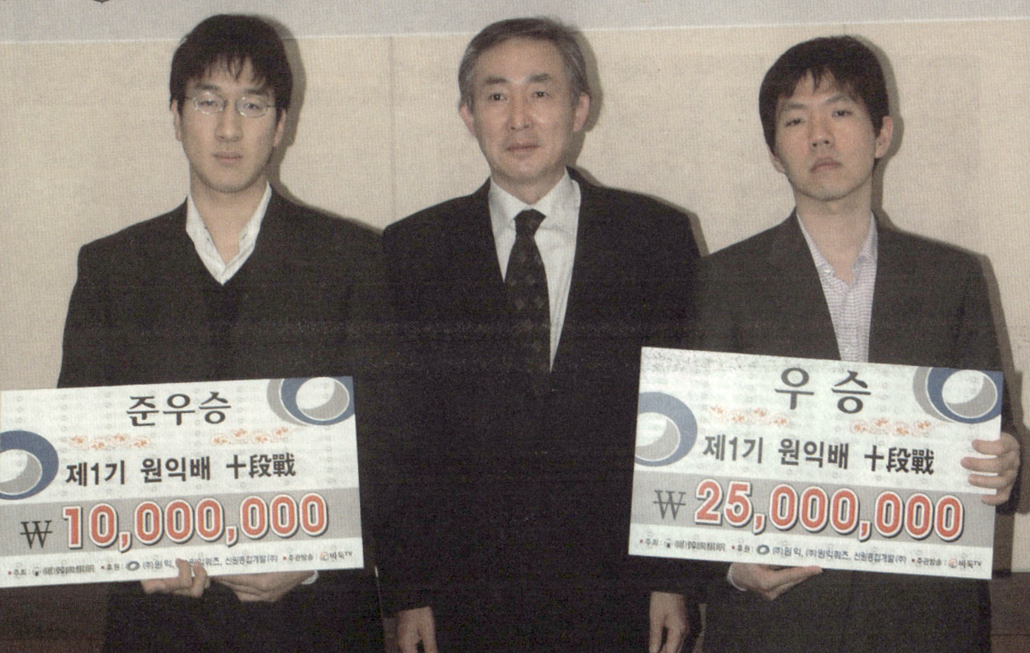

第四十九届韩国国手战决赛我与崔哲瀚九段在对局中

第三十九届韩国KT杯王位战我与玉得真二段在对局中

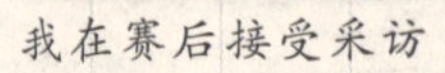

我在赛后接受采访

我在机场受到棋迷的迎接

第四章 危机

危机二字如同其字面的意思，危险和机遇是相伴相生的。即使会有遇到危险的可能，也不能够放弃摸索和尝试。

不断改变，探索而行

中国宋朝时期的文人欧阳修曾经说过：因时适变，权事制宜，有足取者。意思是：随着时代的变化而变化，事情的解决需要在全面权衡之后采取适当的方法与策略。

2001年韩国棋院正式规定“围棋为体育运动项目”以后，围棋界随着时代潮流生了巨大的变化。对我们的称呼也开始从“棋手”变成了“选手”。就像“比利牛斯山脉这边的真理到了山的那边就成了错误”这句俗语所说的一样，对于围棋界的变化也有很多不同的看法和说法。

我虽然现在还多少觉得有点别扭，不能说完全接受，但是最初人们对应该把围棋看作是一种技艺还是一种体育运动的纷纷议论，随着时间的推移，已经逐渐消沉下来。

从这时开始，李世石、崔哲瀚、朴永训、宋泰坤、古力、孔杰、胡耀宇、王檄等“80后”的国内外后辈棋手们的水平突飞猛进，日益崭露头角。而我则不得不全力面对眼前袭来的巨变波涛。2000年，我取得的成绩仅有国际赛的三星火灾杯冠军和国内棋战的三冠王，显得有些士气消沉；2001年，我取得了2次国际大赛冠军（应氏杯、LG杯），同时取得了国内比赛六冠王，夺冠次数累计到了100次。现在回想起来，如果只从表面战绩来看的话，2003年，我获得了第一届丰田杯冠军及第四届春兰杯冠军，完成了六大满贯棋战[①]，这好像是追求深厚棋道的淳朴的李昌镐最辉煌的时期。

我的棋风变化，就如我在2005年取得第六届农心辛拉面杯的冠军后回国时接受采访所说的一样："从现在开始，我想从围棋中体会乐趣"虽然是比起"胜利之路"我更想去"走探索之路"，但是这也是并非完全出自我所愿，也是在当时的大环境之下做出的不得已的选择。用别人的话说就是虽然有时候我也想这么下，比起我自身的愿望，更多一部分是对手令我不得不这么做。

在以前的对弈中，只要我在序盘、中盘对弈中没有处在非常不利的地位，那么大部分情况下我都能够在最后收官时取得胜利。但现在不一样了，精细的计算非但不能够帮助我取得胜利，反而使我由胜转败的可能性增大。因为如果在序盘、中盘机会到来的时候不大胆下手的话，那么赢的机会就很渺茫了，能够把我逼到这种境地的对手正越来越多。这种情况大体上可以从两个方面来解释。

第一，不是个别的几个人，而是全体新锐棋手们的平均水平有了普遍的提高。不光是被称作天才的或是后天发展成为天才的崔哲瀚、尹峻相、姜东润、金志锡、朴廷桓等人，就连刚刚入段

① 世界围棋中带有巨额冠军奖金的棋战被称为"BIG6"（六大满贯棋战）。分别是：应氏杯（40万美元）、丰田杯（3000万日元）、三星火灾杯（2亿韩元）、LG杯（2.5亿韩元）、富士通杯（1500万日元）、春兰杯（15万美元）。在这六大棋战中分别取得一次或者一次以上冠军，则称为"大满贯"。

的新锐棋手，在面对他们的时候，仅仅用我以前一直处于优势的终盘对局已经很难保证胜利了。最近偶尔会输给这些新锐棋手们的其中的一个原因和一直以来那些专家们所说的“认生”还不一样。

中盘、收官是属于计算的领域，不管是对职业棋手，还是业余棋手来说，这部分都是非常讨厌的。虽然一般说来围棋沿着开局、中盘和收官的顺序水平会越来越提升，但是随着年龄的增长，收官变得越来越弱。主要是因为集中力、计算能力以及体力大不如以前了。

开局时需要敏锐的大局观和方向感，中盘则要比拼计算和比赛经验，这两点都需要通过无数对局反复摸索，需要慧眼，但是终盘收官相对而言在年少时更容易达到顶峰。虽然终盘本身局面很复杂，棋手们一般都会避免将胜负押在终盘的较量上，但是受到棋盘限制，终盘的厮杀领域已经大大减少，比起序盘、中盘来说，其实并不算难。

过去很多人对我的胜利觉得很不可思议，其实这都是因为固有观念在从中作祟的缘故。因为过去并没有很多人意识到收官能够左右胜负的这一事实，在这方面专心埋头研究的职业棋手也不多，而我却把大部分精力投入在终盘收官上的计算和整理上，所以提高了胜率，并获得了“神算”的称呼，其实人们对我赞赏夸大了很多。

事实上，我之所以把精力放在终盘和收官也是因为一个很偶然的机会。主要是因为我并不想接受那种认为局势并不明朗的序盘、中盘就能决定棋局胜负的所谓围棋法则。

终盘收官阶段需要不断反复的单纯计算，这是令人厌烦的无聊的领域，而我“投入”和“努力”的性格特征正好使我能够忍耐这个无聊的过程，这对我而言是偶然的幸运，也是我之所以也能够获得如此多成绩隐藏的要因之一。

但是这个让我在很长一段时间保住胜利之王位置的终盘运营技术，正在受到这些新锐们的威胁。每当和这些不但战斗力强而且收官能力也很强的后辈们对弈的时候，能够继续维持“功力深厚”的李昌镐棋风是一件很困难的事情。这让我不得不开始寻求新的变化。

但是变化正是安全的反面。“稳固的实地构筑布局，深厚安定的中盘，以精密计算力为前提的收官”的胜负公式，如有变化，则不可避免地给棋局的胜负带来负面影响。

唯一能够克服的方法就是不断地研究那些赢过我的对手。在职业棋手的胜负里，没有人可以走一条舒舒服服的道路。我从做内弟子时期开始就养成了一个习惯，那就是不断地研究败局。比起以往，那种不断完善自我，弥补遇到难以对付的对手时我所暴露的弱点的工作，需要更加紧张地进行。而这项高要求的工作正是现在进行时。

第二，这话说起来虽然很不是滋味，但是二十多岁的我和三十多岁的我不一样。首先，比起二十多岁的时候，现在的我不管是在对战术的清晰理解方面，还是在计算的精密性方面都有了大幅下降。也许具体到个人的情况会有所不同，但二十出头的时候是围棋职业棋手的黄金时期，这是围棋界专家们的共同见解。随着年龄的增长，脑部功能也随之下降，这不是多学习就能解决的问题。

还有，在一定程度上想要达到的目标也基本上达到了，在这之后的“自满”之心也在影响着我。“志向于快乐围棋”就是这种“自满”的产物。以前曾经想下、想使用的战术，以及因为棋局的模糊和不确定性而没有下过的招数，现在大胆地下出来，这是职业棋手内心的一种渴望。

比起追求在围棋盘上的胜负，我走上了更加重视精神的升华之路。或许这条道路就是藤泽秀行九段和赵治勋九段曾经对我说过的饱含哲理的“艺术之棋”吧。

但是在以胜负定天下的大形势下，这种“艺术之棋”和现实似乎相距千里。志向于快乐的自满之心让内心放松，这种放松的心态对于要维持像刀刃般紧张的胜负场无疑是一种毒药。

不管怎么样，因为追求快乐（现在占的比重还不大），或者因为有时候对收官没有自信（这方面原因很大），我会在序盘、中盘大胆地拼杀，幸运的是对这种对弈战术的运用在最后取得了胜利，此时人们会高兴地说我“从石佛变成了斗士”，但这只不过是就事论事的一个结果而已。我的变化现在还没有结束，而且什么时候结束我自己也不知道。

有一个词语叫作“红皇后效应”。意思是说即使一个人在发生变化，但是周围的环境及竞争对手变化得更快，所以相对而言他还会处于落后的状态。

这句话出现在刘易斯·卡罗尔的小说《爱丽丝漫游仙境》的续篇《镜子国中的爱丽丝》，是书中人物红皇后说过的话。芝加哥大学的进化学者Vanvalen把生态界吃与被吃的平衡关系命名为生物学的“红皇后效应”，此后这个词语开始变得有名起来。红皇后的国家在前进，但是周边世界也在一起发生变化，虽然自己在不断努力奔跑，但是也不容易有很大的进步。

所以红皇后这样呼喊道：“就算是想保持原位不动也要拼命地奔跑才行！”

红皇后跟爱丽丝说过的那句话也不时地在我的耳边响起。变化是必然的。没有进步，保持原位不动就是退步。就算是苟然无目的地向前移动，也有可能出现发展的道路。摆脱停滞不前的那第一步路，说不定就会成为前进的道路。

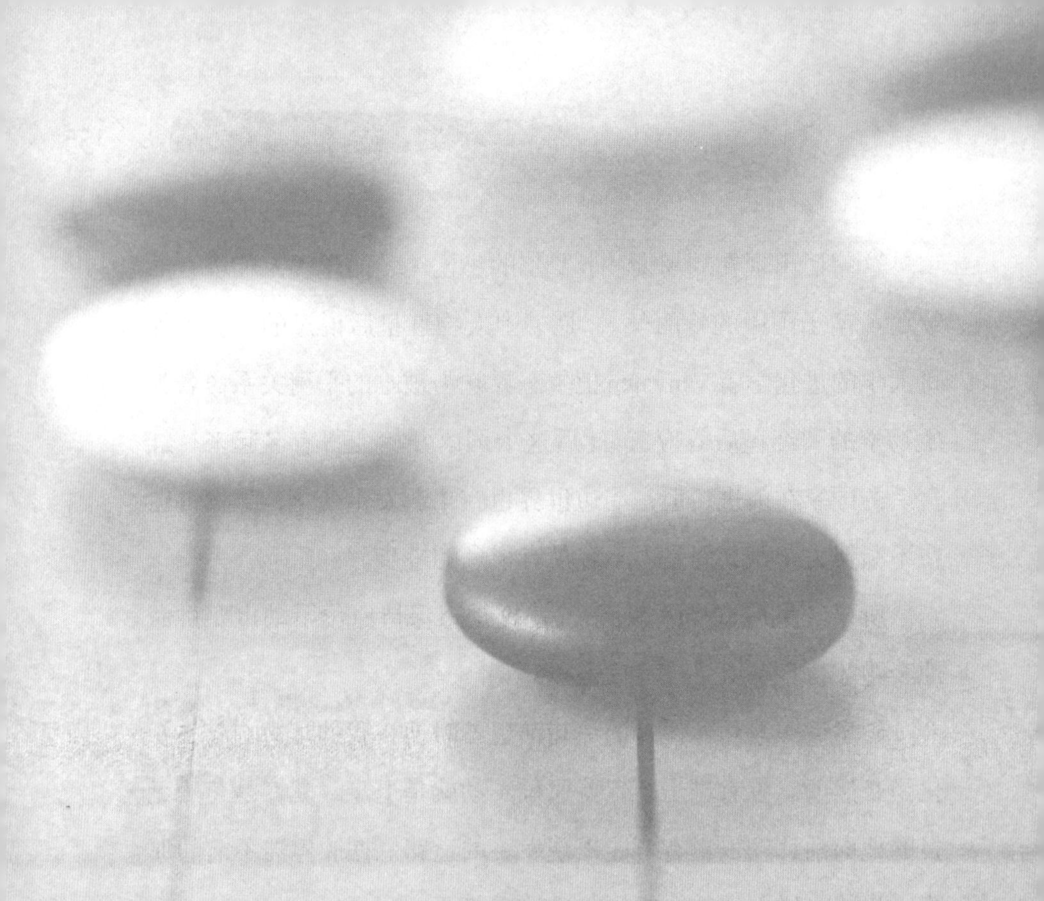

所有的胜利都有不同，所有的失败也都不一样。

有巨大的胜利和巨大的失败，也有小的胜利和小的失败。

如果追求小的胜利而容许大的失败的话，

那么在“大局”中必然不会赢。

团队比“我”更重要

所有的胜负都像是走在钢丝绳上的一个个紧张瞬间的连续。被称作“石佛”的我也不例外。如果非要我指出自己胜负人生中最紧张、印象最深的瞬间的话，是什么时候呢？虽然从奖金和名誉方面来说的话，值得一提的比赛有很多，但是没有任何一场比赛能像过去的12年间农心辛拉面杯①那样给我留下烙印般的记忆和深刻的感动。

我认为的“人生中最美好的瞬间”并不是获得巨额奖金的世界级大赛冠军的时刻。那个令我心中充满满足感的瞬间并不在我获得的国内外140场大赛的冠军记录之中。因为那个令我感到最美好的瞬间是国家对抗赛，这个比赛不管你获得多少次冠军都不会以个人的名义被记录下来。

这对于我而言最美好的瞬间就是农心辛拉面杯。我是唯一一个在一共举行了12届国家对抗赛中一届也没有错过的棋手，这个荣誉是我的围棋生涯中最重要的记录。

有时候会有人问我“获得个人比赛的冠军和团体比赛的冠军哪一个更高兴呢”这样的问题。当然奖金额巨大的个人擂台赛冠军、世界大型比赛的冠军也很重要，但是获得团体赛冠军的那些瞬间我比任何时候都高兴。李昌镐个人失利后的痛苦只要自己承

---

① 农心辛拉面杯世界围棋最强战，是在1997年真露杯中断后，始于2000年的围棋比赛。2000年第一届比赛举办，是由中日韩三国各派5名棋手对战的带有团体战性质的比赛。农心杯是2010年广州亚运会中围棋成为正式比赛项目之前的世界唯一一个国家对抗比赛。

受就可以了，但是因为团体赛出战失利的话，会令一起出战的队友们和所有支持我的人感到失望。在团体赛中获胜的话这所有的负担都可以放下，这种高兴和荣誉以及内心的感受，是个人战无法与之媲美的。

作为一名职业棋手，不可能做出某场比赛故意下得好、某场比赛故意下不好的选择。但是职业棋手也是人，在面临胜负的时候思想准备可能会略有不同。不管是在我全盛期的时候，还是在我的低谷期，作为团体战参战选手参加农心辛拉面杯比赛时，我比参加任何其他比赛所发挥的集中力都高，也许就是因为上面所说的原因。

所有的胜利都有不同，所有的失败也都不一样。有巨大的胜利和巨大的失败，也有小的胜利和小的失败。如果追求小的胜利而容许大的失败的话，那么在大局中必然不会赢。“我”个人的胜利只是小的胜利，“我们”的胜利是拿任何东西都不能换的巨大的胜利。

站在悬崖的边缘

从2000年开始到2004年为止，韩国创造了连续取得5届农心辛拉面杯世界围棋团体锦标赛冠军的记录。2005年，韩国代表团为争夺连续第六届冠军迈出了步伐。

农心辛拉面杯采用连胜战的方式。赢的人可以继续和剩下的两个国家的选手展开对决。就是说胜利的选手可以继续和下一位选手对局，输过一次的选手马上就遭到淘汰。

不幸的是第九局结束的时候，就只剩下最后一个棋手、韩国队的主将——我。而日本剩下了两名棋手，中国剩下三名棋手。

当时我在国内的比赛中，战绩萧条，状况极为不佳。进入2005年以后，我更是创造了1胜5败的凄惨战绩。

2月22日，棋手代表团团长金寅国手，韩国棋院的有关人员和采访记者们一起在仁川国际机场会合，登上了飞往中国上海的飞机。预定下午3点10分出发的飞机由于天气的原因推迟了1个小时才得以起飞。

韩国代表团到达上海浦东机场以后，坐上大巴，经过大约1个小时的车程后，到达了九江路附近的王宝和大酒店，九江路和首尔的明洞差不多，我们便在那间旅馆整理了行装。

进入酒店以后，提前到达的弟弟英镐正在那儿高兴地迎接我。像影子一样跟着我到处走，从准备对弈开始，到准备采访、餐饮，甚至于零食，英镐不知道有多么的细心，没有英镐陪同的中国征战，真的难以想象会是什么样子。

在酒店的大厅里，除了英镐以外还有7名中国记者，一共8个人在等待韩国代表团的到来。因为到达时间比预定时间晚了的原因，其他记者没能采访就回去了。对白费了一场工夫的记者们虽然有点歉疚，但是对我却是件觉得万幸的事情。

因为在这之前，18日到20日，我乘9个小时大巴车程到达朝鲜金刚山参加了在此举办的国手战挑战赛，在和崔哲瀚九段对弈之后赶到上海，已经是筋疲力尽了。我在国手战以0 ： 3败给了崔九段。我在21日休息了一天之后于22日来到上海，这样的高强度日程导致我当时迫切地需要休息。虽然已经比以前好点了，但是因坐飞机引发的头痛对我的折磨仍然不一般。

虽然如此，但是因为英镐的存在我的内心觉得很踏实。英镐从北京过来以后就先帮我把房间整理好了。房间的冰箱里装满了矿泉水、清凉饮料，还有巧克力等零食。

一般情况下，到达的第一天参赛代表团全体成员都要一起吃饭，不知道是怎么回事，韩国棋院的工作人员认为是不是“在房间里稍作休息后，各自用餐好像更合适”，我很感激地接受了这个建议。似乎工作人员觉得我和十分了解中国的弟弟一起，在方便的时间里休息、用餐对我更好一些。

英镐来过很多次王宝和大酒店，所以对酒店周边的便利店、饭店、足浴中心等地方都了如指掌。

我们决定晚上7点去吃晚饭。经英镐的推荐决定去一家位于南京路上的日本料理店，从酒店走着去大约需要十分钟的路程。这家饭店是在我参加应氏杯决赛的时候英镐去过的地方，英镐说这里的饭菜味道不错，价格也不贵，很满意。

在看晚饭菜单的时候，我突然想起了一起来上海为我助威的“深厚”棋迷俱乐部的会员们，就让英镐联系他们，问他们能不能一起吃晚饭。令我高兴的是他们很愉快地答应了跟我们一起吃晚饭。

英镐选的饭店非常好。到了饭店之后大约等了10分钟，才有座位，客人非常多。不管怎么样，好像是吃饭时间太晚了的原因大家都饿了，每个人点了自己想吃的菜，一下子就有10多种。

托丰盛的晚餐的福，晚饭吃得非常好。因为我的话本来就不多，而英镐又是第一次见到他们，所以开始还担心氛围会不会不太好，但是吃饭的过程中欢声笑语一直没有间断过。看着真心高兴的我的崇拜者们，我居然没有感受到每次在大赛来临之前使我饱受折磨的孤独感。

晚上9点半，吃完晚饭以后就直接回酒店了，但是因为吃得太饱了，肚子有点不舒服。我平时的饭量很小，又加上和好多人在一起尝尝这个，吃吃那个，不知不觉地就吃多了。我跟英镐说过之后，英镐一脸比我还担心的表情。

晚上10点左右的时候，英镐终于想出了解决的办法。对我提出了“去做足底按摩”的建议。他真是这个世界上最好的经纪人。

事实上，我是“足底按摩狂热者”。每次做完足底按摩之后身体会特别舒服，疲劳也一扫而光。不知道对别人是不是也有这样的效果，反正对我有非常明显的效果。在足底按摩中心做了约90分钟的脚掌穴位推拿之后我的疲劳一扫而光。

回到酒店已经是晚上11点多了。我把围棋盘端到床上开始为明天的比赛做准备。现在还不知道明天的对手是谁。首先明天是和日本代表团的比赛，所以肯定是王铭琬九段和张栩九段中的一人。如果对方使用保护强手的策略的话，那明天参加比赛的将是王九段，如果是想采用强劲的胜负术战略的话，将会是由张九段出战。

不过，分析一下就知道根本不需要费神。谁出战都是一样的。因为只有把剩下的四位[1]棋手都打败韩国队才能取胜。所以除了尽全力以外没有别的办法。我专心研究了王九段和张九段的最新棋谱。

我研究棋谱的时候并不是从头到尾按照顺序摆一遍，而是采用集中精力分析布局和中盘的方法。王九段的棋老练且富有经验，张九段的棋让人感受到和日本第一人相吻合的气势。虽然不能说完全准备好了，但是这个程度差不多能够招架住对方了。大约凌晨2点的时候，我关上了床旁边的台灯。

睁开眼睛的时候发现旁边床上的英镐不在了。似乎在梦境里听到过沙沙的响声，他大概是出去了。嘀嗒嘀嗒的时针已经指向10点多了。我睡得非常沉，像死去了一般，醒来后浑身都非常舒服。难道是足底按摩的效果？总之预感很不错。

正在我重新摆棋谱的时候，英镐进来了。前一天晚上是正月十五，有放鞭炮烟花的活动，响声非常大。我还担心我会不会因为烟花爆竹的响声太大了影响我的睡眠，但是我却丝毫不受这些噪音的影响，什么都不知道地睡过去了，好像好久没有睡得这么香了。在首尔的时候，受头痛和失眠症折磨的日子很多。

上午10点举行了韩中日三国共同记者招待会。我因为当日有比赛所以并没有参加这次的记者招待会。后来是看到了围棋网站上的报道才知道的。

出席这次记者招待会的人有中国的华以刚八段（中国代表团

---

[1] 译者注：2005年农心辛拉面杯世界围棋团体锦标赛在上海仅剩包括李昌镐在内的五位棋手，在此之前李昌镐已战胜了中国棋手罗洗河。

团长）和王檄五段（选手），日本的林海峰九段（日本代表团团长）和王铭琬九段（选手）。韩国的选手只有当日参加比赛的我，所以韩国只有代表团团长金寅国手自己参加，加上赞助公司的农心中国分社的社长一共六名出席了这次记者招待会。

当地报纸、广播记者们最关心的仍是“果然今年也将是韩国取得胜利”的问题，日本的林海峰团长和中国的华以刚团长像是事先商量好了似的，以同样的小心谨慎回答了这个问题。“从数字上来看分别剩下两位选手的日本和中国比较有利，但是韩国的最后一位棋手是李昌镐，所以胜率只能说一半一半。”

另外，金寅团长出乎意料的回答让记者们十分紧张：“虽然韩国的围棋是世界第一，但是仅仅从这次比赛的情况来看，并不是这样的。虽说剩下了李昌镐九段，事实上我们已经放弃了对冠军的冲击。”

金团长反复重复了好几遍“事实上已经放弃了对冠军的冲击”的话。据英镐的观察好像是因为金团长生气了。因为从第二轮釜山站比赛开始就剩下主将我一个人，出现了我一个人对付五位中日两国的顶尖级高手的危机状况。

英镐的另外一个解释是“虚虚实实”的战略。以已经放弃对冠军的冲击类似的发言诱导中国和日本掉以轻心，同时以冲击疗法鼓舞我的斗志，可谓是一箭双雕的舆论表现。但是像金团长这么沉稳的人居然采用“虚虚实实”的战略，似乎也不太可能。

有记者向日本王九段问道：“如果这次和李昌镐九段相遇的话，你有自信战胜他吗？”王九段与我对局的战绩一共是2胜1败，领先于我，但是他仍然谦虚地回答道："幸运的是我赢过的两盘都是我握黑子，还有那其中的一胜还是李九段当时只有14岁的时候。今天张栩九段先出战，说实话我希望张栩能够战胜李九段。"

中国王檄五段的回答更果敢。当有记者问"你预想在今天的对弈中谁会赢"的问题时，王檄五段回答道："说这样的话虽然有点对不起韩国的棋迷们，但我希望张栩九段能够战胜李九段，因为我不想和李九段对弈。"

上午11点40分，为了和英镐去吃早饭兼午饭，我们从旅店出去了。我对英镐说："昨天去过的日本料理店不错，今天再去吧"，于是我们又走了10分钟到了昨天的那个饭店。饭店的规模很大，但是全部都坐满了，我们去的时候还有十多个人在外边排队等着。

问了一下服务员，服务员说差不多得等15分钟左右才行，而且并不敢保证15分钟之后就会有座位。我从下午2点开始有对弈，所以要在1点半之前赶回酒店去准备才可以，盲目地在这里等着让我觉得很有负担。

这次又是英镐发挥了他的聪明才智。他让我先回酒店做赢棋的准备。自己在饭店等着，等轮到自己的时候把吃的东西打包带回酒店房间里一起吃。

英镐把打包的食物带回酒店房间到时候大约是50分钟以后。对我而言，不管是准备对弈还是休息，都是多争取了珍贵的30分钟的时间。在这之后，我在中国参加的每次比赛，英镐都为我发挥出了120%的送饭神功，这让我十分感动。

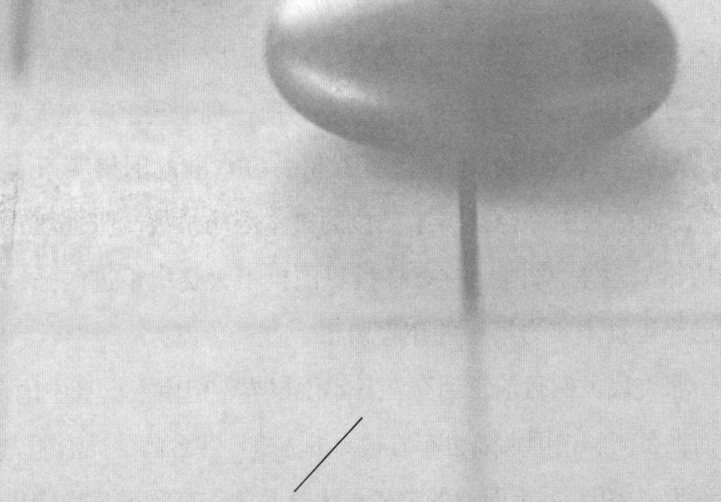

没有一种比赛能够像围棋这样充分地表明“相对的”
这个词语的意义。
面对逆流仍不乱阵脚，继续坚持自己的“顺流”。
那么这“顺流”就将变成对方的“逆流”。
所以，毫不动摇地坚持自己的节奏可以
说是最高明的防御手段兼进攻手法。

掌握自己的节奏

下午1点55分，我来到酒店2楼准备好的对弈室。从电梯里出来的瞬间，四周的人像是已经专门等我好久了，一下子相机闪光灯开始闪个不停。

虽然已经是经历过无数次的场景了，但是面临着这一哄而来的闪光灯的洗礼，我还是感到有一点不适应。

首先出场的张栩九段轻轻颔首，前一刻他还沉浸在无尽的遐思中。在日本围棋界中，代表着超一流水准的围棋赛事有大三冠[①]，而在其中综合排名第三位的是本因坊棋战。张九段正是本因坊棋战冠军，并且在LG杯世界围棋王大赛中杀进四强，实际上已经是日本实力第一的年轻盟主。

张九段虽然目前正活跃在日本围棋界，但由于出身中国台湾，因而在台湾和中国大陆也有着很高的人气。在台湾，吴清源先生被尊称为“大国手”；而他的弟子，也就是曾一度称霸日本围棋界的林海峰九段被人称为“国手”；2000年，在排名第一位的棋圣战中夺得冠军头衔的王立诚九段得到了“小国手”的称号。而现在，作为大国手的后裔日益崭露头角的张九段将会得到怎样的敬称呢？我心中也充满了好奇。张九段那下颌尖削、刚毅俊朗的外表不时地散发着一种冷峻的气质，这种气质总是使我不由得联想到年轻时的老师。

当时的张九段正处于事业的上升期。不仅取得了排名第二的棋战——名人战的挑战权，而且成功挺进春兰杯、富士通杯等世界级围棋比赛的八强。赵治勋九段和小林光一九段曾经在日本围

① 日本排名前三位围棋头衔的总称。分别为棋圣、名人、本因坊。

棋界两分天下，而一年前，小林光一九段的女儿、张九段的妻子小林泉美六段一跃成为日本女子围棋界最顶峰的实力派。在日本围棋界，以他们为代表的具有特殊棋才的新生代的诞生，让围棋迷们对压制中国和韩国，再次展现日本雄风的期待更加强烈。

日方之所以派出上升势头良好的张九段打头阵是有所考量的。当时我正是从事围棋事业以来情况最恶劣的一年，在各大头衔战中节节溃败，并且在刚刚结束的金刚山上的国手战中也满怀遗憾地败北。这种情况下，张九段战胜我的可能性非常大。可以这么说，张九段的出战，是日方先发制人的一招胜负手。

虽说是张九段这样实力强大的棋手，但仍然不能做到丝毫没有心理负担。他原本不是这次比赛的正式选手，因为原来的出战者加藤正夫九段突然驾鹤西去，张九段才沿袭了这个名额。这个情况足以给张九段带来不小的心理负担。

猜先的结果是我执黑先行。张九段在日本接受的专业围棋训练，所以他围棋的倾向，也就是我们通常所说的棋风是带有大陆性的，然而在某些层面上又显现了韩国式的特征。功夫棋扎实的日本围棋十分注重细微的局势变化，不喜欢急剧逆转，而张九段的围棋则呈现出实战性和急进性并存的特征。

我执黑子胜算会比较大。其实并不只是我，但凡是有着厚实的棋风，并且喜欢长呼吸节奏围棋的人，拿到黑子后心里都会踏实许多。贴子6目半，白方需要手法极为迅速才可获胜，这是所有的职业棋手一致的结论。而相比之下应氏杯当中贴子7目半，当然在这种规则之下所有人都希望执白了。

很多围棋迷们都觉得那些处于世界之巅的一流棋手，比起中间级的棋手有着压倒性的实力差距和气势上的不同，然而这种看法其实是个很大的误解。所谓的一流棋手和中间级棋手的差距只不过是贴子1目的差距，所以对局时双方对于黑白的偏好将使结果产生很大的变化。

张九段果然采取了积极的攻势。照一般情况来说，都是黑白双方交替先占领四角之后再由黑方首先展开攻势。但是张九段在第二手时就断然放弃了顺理成章占角的机会，转而向我发起了进攻。这种挑衅分明是看准了我喜欢厚实、长呼吸的比赛，而试图动摇我行棋的节奏。

要走的路还很长，还在起点根本无法预测最终的结局，所以我对一开始便陷入焦灼的泥潭战毫无兴趣，默默地从占领四角做起，看到我填满了四角的空位，张九段也别无他法，只得赶紧占领剩余的地方。

在顺流当中偶然遇到一小股逆流就慌乱地采取对策是愚蠢的。因为那样会卷入逆流当中丧失自我，而丧失自我的瞬间便是丧失对局主导权的瞬间。

没有一种比赛能够像围棋这样充分地表明“相对的”这个词语的意义。面对逆流仍不乱阵脚，继续坚持自己的“顺流”，那么这“顺流”就将变成对方的“逆流”。所以，毫不动摇地坚持自己的节奏可以说是最高明的防御手段兼进攻手法。

最初的攻防战发生在右下角。张九段用令人头晕目眩的招数实施进攻，但是都被我平淡无奇地还手挡了回去，并且被我吃掉了几个非常重要的棋子。

总体来看我的序盘下得还可以。这对我来说相当重要，因为围棋中我最为薄弱的环节便是序盘布局。不管是在与老师的师徒对决中，还是在之后世界大赛与诸多强者的对局中，我总是在序盘落后很多，到了中盘才奋起直追，直至终盘实现逆转。这似乎成为了我在围棋比赛中的一个固定模式。

序盘的时候轻易地丢掉了分数，到了中盘开始一步步追赶，这个过程简直像光着脚走在荆棘路上一样痛苦。说实话我特别羡慕常昊、赵汉乘、古力、孔杰等对序盘布局非常有感觉的棋手。他们总是能游刃有余地控制整个序盘，并且在中盘之后也具有超一流的实力。

这场对局，由于我在序盘毫无阻碍地维持了平稳的发展，所以到了中盘以后，我的优势地位就难以动摇了。感觉到形势不妙的张九段在中盘进行两面攻击，不断抛出胜负手。

据说这个时候研讨室里得出了我将被逆转而失败的论断。已经处于优势还硬拼硬地接招，这是有些不合常理的，但是我是把这盘棋当作决胜负的对阵来下的，并且结局似乎也并不差。我确信自己能够获胜。

但是张九段仍然没有放弃对胜利的追求，或许正是这种执著的斗志终于给他带来了机会。因为受到读秒的限制，我仅仅为了赢得时间随便下了几手，而正是这几手带来了问题。张九段立刻抓住这个机会，将对局转换成为了逆转模式。这个时候韩国代表团和研讨阵营传出了阵阵充满悲痛的叹息声。

而事实上，我这时也有点恍惚了。虽然我并不认为他有翻盘的可能，但是让到手的鱼从指缝里溜走了，感觉很不好。张九段紧紧抓住这个机会，局势急剧变化，黑方似乎也露出了败局的疲态。

之后棋局的进程只能算是我的幸运了。张九段在决定性的瞬间操之过急了。中腹意外地有很多空隙，占取实地十分困难。如果想要守卫中腹，仅仅退出那么一小步，那么我就不能够轻言胜利了。形势就是如此的微妙，胜利的结果如同隐身于雾中，茫然而不可知。

据说棒球选手打出本垒打的时候，棒球在他们眼中会有西瓜那样大。当张九段没有选择后退而不断填满中腹的时候，对白方的可乘之隙在我眼中分外明显。随着张九段在中腹棋形的崩溃，比赛迎来了它的终点。从模棱两可的局势到获胜，我又闯过了一关，获得了两连胜。

沉默的复盘开始的时候，塞满整个对局室的记者们开始疯狂地闪耀着闪光灯。职业对局的复盘是十分重要的。这是一个研讨的时间，对主要局面的手法进行反向推倒，甚至对之所以采用某种战略进行分析，不论是对胜利的一方还是对失败的一方都是可以将棋艺更进一步提高。

虽然复盘对失败的一方来说，如同重新挑开伤口一样，是很大的痛苦，但是真正的职业棋手从来不会拒绝复盘。非但如此，他们会更积极地主张进行复盘。因为复盘是一段能够回顾对局整体的时间，同时也是一段失败者比获胜者能收获更多的时间。

复盘时，由失败的一方下子提出自己行棋中的疑问，对此，获胜者下子进行回答。所以不是十分懂得围棋的人几乎看不懂，或者仅仅看懂一点。那些棋盘上不会说话的棋子们，是双方的语言，这是真正的对话。这正是职业棋手之间的复盘被称为“禅问答”的原因。

被汗水浸透后背的我，在得到现场记者的谅解后去了洗手间，在这个时候，张九段首先接受了采访。针对失败者的采访十分苛刻，但是作为职业棋手，这是必须要面对的。而且正是因为类似这种隐忍，才为日后成为胜者创造了条件。

张九段在接受采访时说："比赛之前听说李九段正处于极度消沉的状态，但是对局过程中丝毫没有那种感觉。他仍然是非常强大难以对付的高手。在如此重要的比赛中能够果敢地尝试新型，从这一点上看，也足以说明他的实力远在我之上。"其实张九段在这里是谬赞了。

听到他的称赞，我很是惭愧又很感激。如果再给一些时间才适应的话，或许很多人都能够做到，但是像张九段这样失败的遗憾还没来得及消退就接受采访，并且能够承认失败，认可对方的实力并给出很高评价，这种涵养并不是随便说说那么简单。

我回到对局室面临的是记者们的提问进攻。而结束采访回到旅店时，一直等待我的棋迷们的灿烂笑容让我重新充满了力量。一想到他们在研究室里手中攥满汗水，心情随着局势不停起伏变化的样子，我心里只有感激。这次的胜利使得"早就知道明天要收拾铺盖走人了"之类自嘲的话，能够用"又可以多待一天"来代替，真是太好了。

走进自己的房间后，我习惯性地倒在床上，闭目养神，不知不觉就过去了1个小时。傍晚7点多的时候，我和英镐一起去吃晚饭，走出旅馆的时候和两位网络围棋的观战记者相遇了。

我们乘出租车走了约20分钟来到了一家韩餐馆，点餐时英镐要了一瓶白酒。"有肉怎么能无酒？"英镐一边这样说着一边点菜，但是却像婆婆给儿媳妇使眼色一样对我说："一定不可以喝。"但是哥哥只要是说只喝一杯，那么就会喝到最后谁也拦不住了。那个时候喝的白酒带着"就喝一杯"的香气，久久地留在我的记忆中。

在重要的比赛中失利，心理上还能够一点感觉

都没有的人不是职业棋手，

这是与品质无关的人之常情。

对胜负师来说，失败的痛苦必须像白日一样清晰生动。

虽然不能够成为常胜将军，

但是也绝不可习惯于失败者的角色。

高手对决重在心态

2月24日早上9点多，我起床了，整个人感觉到十分轻松愉悦。简单地洗漱后我坐到了围棋盘前。今天的对手会是王檄五段，还是王磊八段呢？大概是王檄五段吧。因为把那些具有世界大赛经验的棋手安排在后面，而让相对年轻的霸气十足的后起之秀们打头阵似乎是个常识性的安排。不论是其他相关人员还是我，都是这么认为的。

之前并没有和王五段对局的经历。对于中国围棋，我的了解范围也仅限于古力、孔杰等代表中国次生代领跑一族的高手们。不过，还是有棋谱可看的。因为围棋网站会在职业棋手决赛对局完成之后立即登出棋谱，所以不论何时何地，你总是有办法查看。

可我其实是一个非常守旧的人，不喜欢通过电脑屏幕看棋谱。虽然操作起来程序有些复杂也很麻烦，但是我更喜欢把打印好的棋谱放在棋盘上看。用电脑看的话无法解读行棋招数，所谓解读是要拿棋子在棋盘上摆一摆才能看出来，并且这样做效果才会更好。

即使是被看做一个落后于时代的人，我也没有什么办法。因为我总是觉得现代科技在给人类带来便利的同时，忽视了人自身的情感和人性。甚至连人本身的思考也都成为了可用可不用的选择。头脑总是越用越灵活的，放置不用，那么等待我们的只能是功能的退化。

房间里的光线稍微有些暗。北京和上海的高层建筑鳞次栉比，和世界上其他的超级都市相比一点都不逊色。巨人一般的高楼大厦相互比肩，而处于低层的那些房间，自然采光效果就不会很好。上海这座城市更是非常“吝啬”，她似乎不想让客人们接受更多的阳光。英镐把房间里的灯全部打开，强度开到最大。也只有这样才能满足我对光线的需求。

我看了一段时间的棋谱，大约在上午11点钟的时候，接到了韩国棋院全在弦科长的电话。他通知我说中方派出的棋手是王磊八段。我和其他的观察者曾一致认为是王檄五段出战，中方的这个安排打了我们个措手不及。

但是设想毕竟是设想。幸而从根本上，并没有发生什么变化。并且从某种意义上来说，王磊八段率先出战的这种结构安排，对我来说更有益处。虽然以往对局的战绩并没有太大的意义，但是在之前我有过对局王磊八段三战全胜的记录，这一点让我心里踏实一些。

我正在边摆棋子边研究，这时英镐拎着热乎乎的外卖进来了。这个家伙完全成了“外卖骑士”。带着一张和0.1吨的身躯完全不相配的娃娃脸，英镐总是能让我放下赛前的紧张，变得内心平和。他真是一个有着特殊才能的可爱的家伙。

“第一天去的时候我就查过了，那家日本料理店的菜谱上一共有60多种料理。今天，我结账时数了数，我们已经吃过40种了。所以哥哥你把剩下的比赛都赢了吧，这样我们就可以尝尝剩下的20种了啊。”

看着英镐一脸天真烂漫的表情，我向他保证说：“英镐，我肯定让你吃到那后20种！”

下午1点55分，我静坐冥想了一小会儿，走出房间，向着位于2楼的对局室走去。记者们数量可观，挤满了过道，甚至有人都站到了走廊外面。比起上次，这次的记者数量猛增，我想是因为中国棋手参战的原因吧。

王磊八段早已到场并在位置上坐好了。而我刚在座位上坐好，钟表就指向了2点整，对局正式开始。猜先的结果是王八段执黑，先手。本赛共12局，这是倒数第三局。

王八段比我年轻两岁，他有着一个非常特别的外号，叫作“猴王”。他那好战的棋风是比较符合这个称呼的，使人联想到“齐天大圣孙悟空”，但是他并不是韩国孙悟空（徐能玉）那种类型。徐能玉先生总是能够在可以切断的时候迅速切断，谁遇到他都必然是一番难缠的苦战。

而王磊八段的真性情却和他的别名相去甚远。在中国棋院中，他是位首屈一指的老实持重型棋手。中国围棋的未来道路十分光明，大势向好，原因之一是中国有着围棋人才辈出的丰富的人力资源，二是中国政府承认围棋为一项体育运动并给予大力支持。而除此之外，我认为还有非常重要的一点，那就是组成中国围棋中坚力量的年轻棋手们无一例外都是老成勤奋的典范。

王八段就是这样的一位棋手。他为了农心辛拉面杯放弃了春节的休假，利用休息时间接受特殊训练。所以可以说，比起其他人，他对这次比赛的付出更多。而我，比起那些有着天生才能的棋手，本能上更害怕那些不断努力型的对手。

并且，我已经有很长时间都没有和王八段接触过，所以我很难估计对方在那期间究竟成长进步了多少。这种情况下，以前取得的三连胜记录真是一点忙都帮不上我了。不对，这个记录甚至会成为让我掉以轻心的毒药。我自己在心里不断地提醒自己：要注意，不要大意，要注意，不要大意。

四周照相机闪光灯的咔咔声如同爆竹，虽然这是不可避免的情况，但是那敲击着耳膜的声音和不时地晃着视线的亮光让我心生厌烦。曾经一度，我为了避免这种声音和光的双重攻击带来的困扰，在允许记者访问的时间里，干脆放弃行棋，直接陷入冥想的空间。

为什么我就不能像其他职业棋手那样轻松地面对这些事情呢？心态一定要平和！哪怕只有这一次，哪怕只是在这一局，让我集中起所有的精力吧！如果精力分散，成功的希望也就微弱了。我在心底里这样对自己说着。

而我并不是孤身奋战。在我的身后，有殷切期盼着我获胜的队友，有毫不动摇、全心支持我的家人，还有那不远万里来到异国他乡的中国，用无言的期待给予我支持的众多棋迷们。

王八段的作战倾向和他的棋风相符合，对局一开始便一边构筑外势，一边展开转变迅速布局。对此我一方面轻微缓慢地打开局面，使之朝着有利于计算的方向转变，另一方面用快速的行棋迅速圈占实地。

但是，在序盘、中盘分界的时候，我突然感觉到一种非常微妙的奇怪电流。王磊八段的作战方式本来一直都是好战的积极型，突然间他开始放缓脚步巩固右下角，并且不顾左下角的虚弱而集中力量进攻我的右边。

这些动作并不连贯，而且也并不是发生在我的攻击或者加压之后，是对方单纯地自身节奏的扭曲和改变。仿佛有什么东西使得王磊八段一下子紧张了起来。我对此迅速采取了对策，稳固了自己的右边。

王磊八段试图构筑强大连贯的势力线，然而这种本该具有异常压迫性的力量却显得后劲不足。啊！原来是这样！王磊八段的这种表现只不过是他没能摆脱重大赛事的紧张感而带来的后果！我突然一阵欣喜，潜伏水中已久的钓竿终于等到鱼儿上钩了。

该怎么说呢？王磊八段虽然已经是屡次打入世界级大赛决赛的老将了，但让人意外的是他在抗压方面仍有些力不从心。中国围棋方面可能也正是了解了他的这种面对无路可退的意志之战时会表现不佳的特点，所以安排他先出战，目的是要他减轻心理负担，轻装上阵。然而，看样子似乎正是这种带着关怀的刻意安排，让王磊八段自己背上了“一定要赢”的包袱。

围棋是能够作用于心理的精神运动。如果不能有效地调节情绪，那么一个人将很难冷静地面对胜负角逐。无论才能有多么出众，假如不能够在惊现紧张的胜负场用自己的强韧坚持下来，那么终将会在自己犹疑的那一瞬间迎来失败。这次对局的结果恰恰印证了这一点。

我在稳固了右边局势后，开始把剩下的所有时间倾注在思考如何进攻下边。终于，我救活了中腹被围困的白子后，成功入侵下边。时机成熟了！

这时的王磊八段面临着一个进退两难的艰难选择：到底是退出来呢，还是硬碰硬地对决？经过反复的思考王磊八段最终使出了他的最强手段。选择强硬路线，则之前陷落的白子就再次获得新生，并可以吃掉许多子，后面就只剩下一条路了。王磊八段倾尽全力向我抛出了直接明了的杀手，但是我手中却有一张隐藏的王牌，那就是“腾挪”。

胜负在我毅然进行下边和中腹的腾挪之后，也就是120 ~ 130手的时候，就已经决定了。后面之所以又持续下了五十多手，是因为王磊八段需要一定的时间来平复心情。

这是可以理解的事情。在重要的比赛中失利，心理上还能够一点感觉都没有的人不是职业棋手，这是与品质无关的人之常情。对胜负师来说，失败的痛苦必须像白日一样清晰生动。虽然不能够成为常胜将军，但是也绝不可习惯于失败者的角色。

确认了比赛胜负之后，复盘开始了。记者们一下子蜂拥而来，我们又一次接受了相机闪光灯的洗礼。我安静地倾听王磊八段的意见，自己并不发一言。

在这种情况下如果能够早早结束复盘也算是一种人为关怀了。幸而由于当地电视台转播的关系，一个访谈结束了这场复盘。中国和韩国有很大不同，对局中失败的一方也会被追问感想。虽然这对于失败者来说是很残忍的，但是棋迷们对失败者的所感所想总是充满了好奇。而新闻媒体为了迎合这种大众口味，自然不肯放过机会，这真是无可奈何的事情。

而针对王磊八段的记者提问很是简短。我是日后通过英镐得知的，王磊八段这样发表的感想："我虽然很努力地做了准备，但是李九段实在是太强了。他根本不是我可以相提并论的对象，更别说战胜了。我还没有搞清楚自己哪里下错了就莫名其妙输了。以我现在的水平，真是没有资格评价李九段的棋。"

王磊八段的话真是有些过分谦逊了。正所谓向往胜利的意志和期待越大，那么失败所带来的打击就越大。我想这种言论应该是王磊八段因为一时难以承受的自责和羞愧而说的气话。

采访结束后，晚上有场赞助公司准备的晚宴。农心集团的朴俊副社长（先前担任农心国际事业总管社长）是一位忠实的围棋爱好者，他为农心辛拉面杯的创办做出了起决定性作用的贡献，付出了辛勤的汗水。朴副社长说："真心想请选手团和围棋界人士们享用一顿美味的料理。"所以，他早早地预约了一间高级餐厅。所有的料理似乎都是专门照着韩国人的口味精心炮制的，就连十分挑食的我都觉得非常合口味。这次不拘一格的晚间会餐十分舒适愉悦。

明知道有危险也要不顾一切冲上去并不能算是有勇气。

能够克制住自己的冲动，

拒绝外界的诱惑，

默默地走自己的道路，

这种选择才是勇气的表现。

这时决胜点在于谁能保持忍耐力。

克服冲动，拒绝诱惑

2月25日是个星期五，这天我蜷缩在床上，裹在被子里像个虫子一样磨磨蹭蹭，起床的时候已经是10点30分了。我本来就很喜欢睡懒觉，这天早上比平时更是多贪睡了一个小时。

简单地洗过脸后，我坐到了围棋盘前，这时英镐带着一副忧虑的表情进来了。和大块头的身躯极为不相称，英镐是个内心非常敏感的人。果然他是担心我前一天晚上暴饮暴食的问题。饱餐一顿之后，肚子实在胀得很，于是为了促进消化我就做了些运动。结果好长时间都没有锻炼了，那些肌肉被这么偶然使用了一下都开始叫屈，肩膀、胳膊出现了酸痛。不过值得高兴的是，睡得很熟很好。

“吃撑了和睡得好不好有什么关系吗？”为了安慰担忧的情绪已经堆积成山的英镐，我这样说了一句。其实我心里是十分羡慕英镐的，因为他不论吃多少东西都不会感到不适，吃过之后马上就可以睡着，简直是拥有一副钢肠铁胃。

第二天，我没有英镐那样的好体质，只能省略了早餐。其实，如果不拿晚上的暴饮暴食当作不吃早餐的理由的话，我其实本来就习惯于用不整不零的时间吃一顿“早午餐”。

为了让英镐达成愿望，尝遍那60种料理，我必须要勤奋了。吃过了外带的食物，我开始研究王铭琬的棋谱。虽然不过是换了对手，但是这也是连续几天必须要做的功课。初到上海时我几近精疲力竭，但是不知不觉中体力已恢复到八成，整体状态很不错。这所有的一切都是托身边这个大块头的福。

下午1点58分，我走进2楼对局室的时候看到了座位上的王铭琬九段。干净利落的灰色正装配一件白色礼服衬衫，蓝色格子领带也打理得精巧而端庄。他眼睛盯住棋盘，仿佛陷入了沉思。莫非他正在构思布局方案？或者正在回忆三年前夏天胜利的场景？

听到周围有人的动静，他抬起头冲我微微一笑，然后又继续埋头思考。每次比赛我都会重新体会到这一点，那就是在日本接受职业围棋训练的棋手对待比赛的态度非常郑重，礼节尤其周全。我想由此对围棋在日本享受良好待遇的原因也就可见一斑了。在围棋胜负中，日本越来越受到韩国和中国的排挤，但是从文化潜力上来看，日本围棋仍然在韩国围棋之上。

我也微微颔首作为回礼，然后慢慢坐到了对面的位置上。王九段年长我14岁，1977年，我还在满地爬的时候，王九段已经入段，他对于我来说是位时代相隔很远的老前辈。之前我们以对手的身份相遇了三次，我的记录是1胜2败。

第一次做对手是我以世界最小年龄进入世界级比赛的1989年，在决赛第二轮中我不敌王九段，失败；第二次是1996年本赛，我获胜；第三次是2002年排位赛的三四位争夺战，我以半目告负获得第四名。

王九段是典型的大器晚成型棋手。除了快棋之外一次都没有取得过正式棋战头衔的王九段，在已经进入不惑之年之后突然获得了日本第三大棋战本因坊的冠军。

虽然用了“某天，突然”这样的词，但是事实上并非如此。在此5年之前，王九段就在名人战、本因坊战的决赛圈中进进出出，早已经在等待获胜的那一刻。他就是那种踏实努力的棋手。即使没有别人的关注，也会默默不断琢磨打造自己的棋艺，单凭这一点，这种人就有得到人们敬重的资格。他的棋风也如同那种大器晚成登上大三赛顶峰的棋士一般特别。王九段“腕力”极佳，经常使出别人无法预测的招数。有的时候会以强大的气势追赶着对方，攻势如同狂风怒浪，有的时候又会出现完全莫名其妙的失误，在瞬间败阵下来。一句话，王九段是“怪力乱神”一型的棋手。

中国棋院院长王汝南八段在对局开始的信号响起时宣布猜先结果，王九段执黑。这又是非常奇特的一个情况，因为我和王九段加起来一共四次的对局每次都是王九段执黑。

拥有先手权利的王九段把全局的重心放到了右边。他的构想是通过强大的外势构建来诱敌深入，从而自然而然地展开包围接触战。

对于这种露骨的势力布阵有两种应对方法。如果是赵治勋九段来应招，定会干脆冲入敌阵深处进行焦土化爆发式作战。这个时候打入的一方必须要屏住呼吸绷紧神经。因为结果会非常分明。不是成功将对方的势力分散成不相连接的小块，就是自己的特工队被全部围歼。所以采用这种方式的赵治勋九段，棋一般下得都很决绝而彻底。

另外一种战略是寻找对方攻击和防御划分不清的部位，集中力量瓦解对方势力，逐渐渗透的削减作战。注重实地和均衡的棋风大都属于这一类型。我并没有刻意偏重哪一种战略，但是如果要划分，自然是靠近这一边。

我曾经与被称作外势围棋的代名词的宇宙流高手武宫正树九段对弈过。面对如同黑洞一般的外势，最需注意的一点就是要忍受住那不断向上冲的想要打入的野心。

明知道有危险也要不顾一切冲上去并不能算是有勇气。能够克制住自己的冲动，拒绝外界的诱惑，默默地走自己的道路，这种选择才是勇气的表现。这时决胜点在于谁能保持忍耐力。

我选择的对应外势布阵的手段并不是打入，也不是削减，而是第三条道路。我连接了中腹警戒线和左上一带的空地，又在左边构筑了仅次于右边黑子的外势。

这种时候我总会有一种特殊的喜悦之情，仿佛自己继承了神创造天地的技能一般。在危机当中突发奇想，发现了以往不能够想到的新方法来构建新世界。把胜败抛在一边，无视外界评论，沉浸在“无我”的境界中，创造出前所未有的克服危机的新方法，这种情况总使我兴奋。

左上角空地安排黑子后，对方出现的一连串失误为我新世界的建设做出了重要贡献。或许这就是所谓的幸运吧。仅靠过人的才能有时候并不能够取得成功。即使会有遇到危险的可能，也不能够放弃摸索和尝试。危机二字如同其字面的意思，危险和机遇是相伴相生的。

王九段15分钟的冥想过程应该是苦恼的，他似乎看出直接切断便能有活路，但也可能走向更危险的深渊。这让他很沮丧，而在那个瞬间，我比谁都更急迫，因为他的决定直接关系着胜负。

王九段迟疑后加大了左边的攻势，但是为时已晚，胜利女神已经悄悄地走到了我的身旁。我确定自己可以利用左边的空地确保棋局的胜利。放弃最后一击的王九段无力挽回左边的溃败，最终失去了比赛的胜利。

事实上，胜负在左边的战斗明朗化之后就已经有了定局，但是王九段还是殊死抵抗，将对局拖延了一个小时，在下午5点30分的时候才投子认输。

有可能这是场韩日对决战，所以现场观战的人数比起昨天少了很多。复盘开始的时候，如同预料的那样，王九段要求重新演示一下左上角空地的局势。因为变化纷繁复杂，很难快速找到明确的答案，但是王九段放弃了本来已经可以结束战斗的地方是个极大的失误。

王九段如果在那里就切断的话结局会怎么样呢？肯定不会出现胜负分明的局面，而我之后要走的路也肯定是一片荆棘。王九段因为放弃了绝好的机会而懊恼不已，一边叹气一边直挠头皮。

但是王九段的表情还是很明快。我也随着他心情变得轻松起来。心情愉快还是晦暗都是来源于人的内心。王九段在不惑的年纪还能够取得日本本因坊棋战头衔，他的力量源泉我想我已经知道是什么了，那就是无论成功还是失败都以肯定的心态来接受的内心的力量。

微笑是感染他人、而且没有任何副作用的良药。王九段从比赛开始到复盘一直面带微笑，在他的感染下连平时很少见笑的我也不自觉地面露愉悦之色，对此我记忆犹新。败者有的时候也能够给胜者带来安慰，我学到了这一点。

记者向我抛出了这样一个问题：“看您最近的对局似乎和以前有很大的不同。即使处于有利的地位也不急于结束战斗而是不断使用强烈的战术。”

我答道：“因为和之前不同，现在的我即使有一点优势也不能够确保最后的胜利。所以为了确保自己处于绝对优势地位，必须继续拼搏。”

疲劳袭来，我仅仅回应了正式采访就不得已回自己的房间了。虽然我也想让关于围棋的报道更加丰富，引起更多人对围棋的关注，但是对局之后，我的体力真的已经到达最低点，无力应付采访了。

我一回到房间就倒在了床上，衣服都没有脱就睡着了。这是一段晚饭之前的甜美之旅，因为疲劳过度，我睡得很死。

最后决战和最强的瞬间

2月26日早上，我好不容易早早睁开了眼。英镐或许是疲于照顾我也很疲劳了吧，我醒来的时候他仍然睡在被窝里。早上9点多一点的时候，英镐才慢腾腾地爬起来，歪歪斜斜地坐在床上，看到我正在看王檄五段的棋谱，他一脸很吃惊的表情。

“哎呀，哥哥这是怎么了？”虽然他没有说出口，但是表情早已出卖了他，过了一会儿后这种表情才消失，换成了充满恻隐之心的眼神。这个时候的他真是有点像我了。

所谓兄弟就是同根同源。似乎确实是这样。即使不开口也能够知道对方要说什么。我之所以早早起床并不是因为睡饱了自然醒，而是由于面对比赛的紧张感让我睡不着。英镐起床后，一看到我就清楚了。

我总是在疲劳感达到顶点，神经极度敏感的时候失眠。

生物钟好像用分秒为单位设置好了闹钟，毫不留情地敲打着我的身体。

其实一天前我就没能完全从疲劳中恢复，只是假装睡得很好才一大早起来的罢了。但是英镐的眼神充满着怜惜，他对这一切都十分清楚。他经常看到我在对局结束后走进房间，失魂一般倒在床上。他对周围的熟人这样说："人们都说他是个名利双收的世界一流胜负师，但是在我眼里，他只不过是那个连自己是否非要这样生活都不清楚的可怜的哥哥。"这是真的吗？有时英镐真是个傲慢无礼的家伙。

不一会儿，英镐借口去买矿泉水悄悄地走出了房间。对以胜负为业的人来说，如果能够在看到他痛苦的时候不声张，像什么都不知道一样让他一个人安静独处，有时候便是最好的关怀方式。这个家伙到底是从哪里了解到的这一点呢？

我看过王五段的棋谱，并开始在棋盘上摆子研究的时候，英镐回来了。他在冰箱里填满了矿泉水，然后打开笔记本电脑。上网查看邮件、写写评论是他每天必做的事情。

这时候电话铃声响起了。我通过听到的断断续续的对话内容，了解到这是父亲从全州打来的电话。说了几句话就挂断了。父亲竟然没有让我听电话？分明是不想让我接电话。因为这种事情不是一两天了，所以我大体上都猜得到他们的通话内容。

"起床了吗？啊，不用了。不用换你哥接电话。你就向平时那样照顾好他吃饭就行了。"

不管祖父还是父亲，他们总是那样。在我入段后二十年的时间里，只要听到我获胜的消息他们就会像得到全世界那样高兴，而自己对我的期待和要求却从来不让我知道。

有的时候我会心生期待，或许什么时候父亲也能对我说一句“好好做吧”之类鼓励的话，但是他总觉得这样的话会给我带来不必要的负担，所以从未对我说过，顶多是向英镐嘱咐几句。真是有点过分的爱啊。

不过也是，这个世界上有谁比家人更爱你呢？我真的不知道该怎么报答家人的恩情，还有那些不知道姓名的棋迷们对我的爱。这种幸运真让我十分惶恐……莫非我在前世也拯救过国家，于是积下了什么大恩大德吗？

世界上没有免费的午餐。如果想得到某样东西，你必须学会回馈。我从祖父和父亲身上学到了这一点。

但是我一副拙嘴笨舌，并且也没有其他的本领。我只有通过围棋来表达自己感恩的心。所以必须要赢。必须要尽心尽力去赢。

突然一阵饥饿的感觉涌了上来。真是神奇啊。昨天晚上吃了那么多东西居然又饿了。看来脑力劳动真的和体力劳动一样需要消耗大量能量啊。上午11点的时候我拿农心送来的桶装方便面弥补了一下胃部空虚。

但是方便面毕竟只是临时措施。下午都要一直在对局室里比赛，我需要更多的能量才能撑下去。可是在吃完拉面一个钟头后又吃海量的外带食品似乎有些说不过去，所以还是吃个汉堡吧。

终于，最后的准备工作也完成了。早上4个小时我都一头埋在王五段的棋谱里，可是到了这个时候已经可以停止了，人事已尽，剩下的是听天命了。我整理了一下鞋带。

我在电梯前的走道里看着英镐，十分轻松地和他开玩笑，这种类似撒娇式的玩笑只有兄弟之间才能毫不尴尬地进行。

“哎哟，一年里要学的东西好像在4天里都完成了！”

我穿过长蛇阵般的记者群来到对局室，王檄五段已经坐好了。我到的时候正好是2点整，所以无需等待直接开始猜先。我比王五段年长9岁，于是抓起了一把白子。而王五段拿起了两个黑子放到了棋盘上。

王五段选择的是双数。我摊开手掌将棋子整齐码在棋盘上，一共21个，单数。王五段没有猜对，所以我获得了先手的机会。

猜先的结果可以说是幸运的前兆。因为之前研究的布阵战略都是以我的先手为前提的。非常幸运，我得到了这个施展的机会。

我顺利地按照构思好的棋路布局。一般情况下最后一场对局需要从序盘开始就慎而又慎，摸着石头过河般地缓缓前行才是上策。而我似乎是在玩网络上的“10秒围棋”，王五段几乎没有应对的时间。

在不曾预料到的快棋战略的攻势下，王五段脸上露出了明显的慌张表情。为了识破我的意图，王五段从序盘开始就一次次陷入长考，大约在第二十手的时候，他似乎已经看出了我的布阵方式。那完全是两天前和王磊八段对弈时一样的布局。

但是一直疲于应付我的快棋战略，即使知道了我的布局动向，一时之间王五段还是难以相抗衡。并且我在两天前已经对这个布阵方式和其衍生出的多样的变换进行了仔细深入的研究，而王五段则必须临时思考对应手段，情形对哪一方更有利我想是很明显了。

研讨室对我的快棋战略提出了质疑，他们担心我是不是太轻易就让白方获取了实地。但是我自己却充满信心，这是在此次系列赛事中我唯一感到自己拥有明确的战略胜利的对局。

王五段在一年前的CSK杯中取得了三胜，帮助中国队夺得冠军，并且在三星火灾杯中打入决赛和李世石九段同台竞技，是中国围棋界的新星。然而在这场对局中，他却丝毫没能发挥出自己的优势。

他被我的速度攻势打乱阵脚，缓慢地获取实地，却以此为代价让我得以在右上一带构筑强大的外势，下边也轻易地取得厚实，可以说白方胜利的希望变得越来越渺茫。

最后一击是在左下角的接触战中对中央出口的封锁。黑方掌握了从左边到中腹的制空权，事实上胜负已经明了。在之后进行的局部战只不过是延长对弈时间的消耗战罢了。

对局一结束，记者们就围了上来。王五段看上去是想要复盘的，但是周围相机不断闪光，记者们纷纷向前伸出采访话筒，场面毫无秩序。复盘看上去很难进行了。

我只能一言不发地坐在位置上，想用这种方式来安慰王五段。最终复盘和研讨都没有得以进行，我接受了中国最具权威性的中央电视台对胜者的采访。

王五段默默地观察着周围的情况，最后他也觉得复盘已经不可能进行了，于是起身离开。围棋是那种只有获胜者才能享受一切的“零”[①]和博弈，复盘是为败者提供的可以通向更光明未来

① 译者注：经济学术语。形容非胜即败、无双赢情况的斗争。一方赚多少，另一方就赔多少。

的机会，是一份厚礼。但是王五段想要复盘和研讨却不可得，真的是非常遗憾。

我浑身像灌满了铅水一样沉重，头也有点眩晕，为了清醒一下，我去了一趟洗手间。返回颁奖典礼的路上我被等候在路边的棋迷们围住了。

中国的棋迷比韩国棋迷更善于积极表达感情。我被围在中间给他们签名留念，根本脱身不得，直到颁奖典礼的工作人员出来找我。

在工作人员的帮助下，我离开了棋迷们的包围圈回到会场。场内记者的数量比以往任何一年都要多，大概有一百多名，整个会场人声鼎沸甚是热闹。

随后主持人按照仪式的顺序一一宣布奖项，韩国代表团团长金寅国手领取了冠军奖杯，我举起了一块“获胜奖金”（1.5亿韩元）的板子，还有一块“连胜奖金”（3000万韩元）的板子。

中国舆论将我的五连胜和韩国的六连霸优胜称作是《三国演义》中关云长冲破曹操的五道封锁回到刘备身边的“过五关斩六将”式胜利。并在报道中写道：如同李白《蜀道难》中“一夫当关，万夫莫开”的描写一样，有这样一个人把守住关口，千军万马也毫无用处。

“Mission impossible”在我出战第六届农心辛拉面杯第三轮会战前往上海时，人们开玩笑说。还有一句是“一定要活着回来”。

我笑着回来了。我完成了不可能完成的任务，并且按照人们的期待活着回来了。虽然身体仍然很是沉重，但是我在履行完责任之后心理非常轻松，拉着自己的旅行箱从机场出口挤出来。

然后我被眼前看到的景象惊呆了。这都是怎么了？面对完全没有预料到的场景我不由得停下了脚步。突然四周相机的咔咔声又响起了。横幅和海报都越过了围栏在不停地飞舞波动。

一时间手足无措，但很快被涌上的感情所激荡。我向上托了托眼镜扭过头去，热泪盈眶，我有些坚持不住想要哭了。

在进入职业棋手舞台之后，获得世界大赛优胜奖杯又不是一两次了，但是没有一次受到向这样激动人心的欢迎。我又往上推了推眼镜。

"对不起，都赢了。"

"谁低谷？全在沸腾！"

"农心杯三十连胜的传说并未结束！"

机场出口齐腰栅栏后面数十名棋迷举着横幅标语旗帜齐声向我欢呼。接机的韩国棋院职员和棋迷俱乐部会员向我捧上了鲜花，掌声响起的同时照相机闪光灯也不停作响。

"李昌镐！"

"李昌镐！"

"李昌镐！"

之前有人这么热切地呼喊我的姓名吗？啊，在那个瞬间，我是世界上最幸福的人。

坚定意志，永不放弃

韩国围棋在2010年第十一届农心辛拉面杯中再次遇到了和2005年一样的危机。除了我之外韩国选手全员被淘汰，而日本剩下高尾绅路九段，中国还有刘星七段、古力九段、常昊九段，情况比2005年更加糟糕。

高尾绅路九段在和刘星七段的上海第一场对局中失利，所以我的对手剩下了刘星七段、古力九段和常昊九段三位。我的比赛状态和三位中国选手的比赛状态简直无法相比，这场次的对决比2005年更加艰苦。

但是我还是依次战胜了刘星七段、古力九段和常昊九段。说实话，这是连我都不曾期待过的胜利，是幸运中的幸运。

为什么我在其他的比赛中成绩极差，不断栽跟头，却能够在农心辛拉面杯中像换了个人一样超常发挥呢？

其实，对此我也不是十分清楚。如果深究的话，则只能从几个不确定的想法、当时的背景分析和我的性格方面说起了。

首先，农心辛拉面杯这个棋战本身就很合我的口味。限时一个小时，我正好可以充分发挥自己的体力和脑力，上午休息、下午比赛的对局模式也和我的生活模式非常相符。

另外，团体战形式的连胜式国家对抗赛的结构恰好激发了我性格中某个好战的成分。因为我对自身背负的责任有着非常强烈的意识。

如果同僚们充满期待，说“肯定会赢”的话，我心理上就会非常不舒服。而人们觉得胜利无望，发出“即便是李昌镐也没有办法”的声音时，我反而心境平和。以这两种不同的心理去比赛，其结果如何就可想而知了。

第七届和第九届比赛中，我没有能够让韩国队取得农心辛拉面杯胜利。第七届比赛当时我只要再取得一场胜利就可以实现整个系列赛韩国优胜。第九届则是韩国剩下两名选手（李昌镐、朴永训），中国也剩下两名选手（常昊、古力），双方势均力敌。所有人都认为“李昌镐当然会获胜”并充满期待，但是我却没有能够摆脱心理上的重压感，以失败回应了期待。

虽然有些嘲讽的意味，棋迷们用“奇迹”来比喻，用掌声来赞叹的第六届、第十一届比赛我孤军奋战，正是因为人们“即使是李昌镐也没有办法赢”的放弃，才让我的成功变为了可能。

这个时候我反而能以最佳的心态，发挥出最高水平的棋艺，从而取得最好的结果。

遇到重要的国家对抗赛，我都必须要面临失败带来的危机感。每当这个时候，耳边总会响起那个支撑我走下去的恳切的声音：“一定不要放弃！”

我面临的对手都是代表自己国家出战的高手中的高手，像古力九段、孔杰九段，还有处于全盛期的依田纪基九段等，他们在围棋内外都对我紧逼不舍，简直让我窒息。所以从这种意义上说，那时在第八届农心杯打败孔杰、古力并代表韩国取得第七次胜利，其难度比后来在第十一届农心杯上再次战胜二人并取得第九次胜利难度更大。

那个时候，在与古力、常昊的对局中，我又听到了那个恳切的声音。那是一种绝望的境地。当时研讨室的气氛十分沉重，选手团和棋迷们早已放弃了对获胜的期待。他们这样判断是可以理解的。因为我当时刚刚创造了职业史上最差的比赛成绩，并且正一度低迷。古力九段正处在巅峰状态，而常昊九段的迅速成长让人几乎难以辨认和过去是同一个人，这两个对手几乎是我不可正面匹敌的。这种绝境我在到达现场时早就已经心中有数了，压力所致我浑身直冒冷汗，疲劳异常，状态极差。下了几手之后我开始想要不要收拾棋子走人。这时耳边又想起了那个幻听般的声音。

“一定不能放弃！”

视线变得模糊不清。我用湿巾擦了擦汗，使出最后吃奶的力气全身心投入到比赛中。我真的不能辜负那内心的呼喊。

对手虽然很强大，但是我曾经战胜过他们，所以我完全可以再次获胜，必须要首先相信自己！之所以看不到希望，并不是由于对敌人的畏惧，而是因为对自己的不信任。我丝毫不弱！可以扭转局面的方法一定存在，但需要我努力寻找。

不一会儿，难以置信的场面上演了。我如同换了个人一般连出妙手，而对方似乎为了配合，失误不断……古力九段、常昊九段就那样败下阵来。

确认了胜负，走出对局室的时候我已经精神恍惚了。所有的记忆都裂成了碎片不相连接。人们回忆那时候的我，都说是一副完全失神之相。

或许是这样的吧，平常的那个我已经倒下消失了，而踉跄走出对局室的人根本不是我，而是由那个恳切的声音支撑着站起来的另一个李昌镐。

有个词语叫作习得效果。如果很多人都认为某项事情“无论如何都做不到，是不可能的事情”，一旦有人成功完成的话，那个人就会成为人们心目当中的英雄。

取得首届应氏杯冠军的老师便是这种情况。当时韩国围棋被中国和日本压制一直处在世界边缘，在老师单枪匹马打败了一位又一位顶级棋手取得冠军后，地位大大提升了。而在当时，这是谁都不曾预料到的。

老师回国之后，欢迎的车队从金浦机场一直排到了贯铁洞的韩国棋院。那是一场让人激动沸腾到哽咽的欢迎仪式。

但是在那之后，虽然徐奉洙九段、刘昌赫九段、我、崔哲瀚九段都依次在应氏杯中获胜，但是无论如何也再也享受不到这种待遇了。

这就是我所谓的习得效果。通过老师应氏杯夺冠的征程，棋迷们产生了这样的认识："啊，现在韩国棋手的实力已经达到称霸世界的水平了。"所以，现在即便有人再取得世界冠军，棋迷们也不会有多兴奋了。而是非常冷淡。"嗯，做得不错。但是曹薰铉九段不是已经取得过冠军了吗？还有徐奉洙九段、刘昌赫九段，没什么了不起。"大概就是这种想法。

我在世界级大赛中获胜次数约20次后，"世界称霸"的价值就大幅滑落了。现在这个时代，韩国围棋获胜被认为是理所当然的，而失败则成为了不被容许的错误。李世石、崔哲瀚、朴正祥、朴永训、姜东润等取得世界冠军的后辈们，算得上是大众习得效果下的牺牲品。无论做得多优秀，似乎都难以得到认可。对此，作为前辈的我是否该感到抱歉呢？真是为难啊。

所以相比之下，我是相当幸运的。虽然和老师无法比拟，但是我从第六届农心杯上海比赛中回国的时候受到了无比盛大的接待。在之后第八届、第十一届中令人难以置信的连胜，我认为都是那热情声援的结果。那绝不是靠我一己之力能够取得的成果。

我和妻子与老师夫妇的合影

全家福
后排：弟弟李英镐、李英镐的长子、哥哥李光镐、我
前排：弟媳、奶奶、父亲、母亲

我与妻子

不得贪胜

没有永恒的成功。如果达到了极致，那么情况就会变化，不要试图对抗这种变化。

无冕之王，白衣从军

2011年初，曾经身份荣光十次登顶的国手位置，最终拱手让人。在成为职业棋手后的第二十二个年头，成为我无冠的一年。仅仅在入段后的第三年，即1989年，我便在KBS举办的棋王战中摘得冠军桂冠，成为了世界上年龄最小的职业围棋冠军，并且自那之后从未离开过冠军的宝座。而现在，所有的一切都成为了“过去”，我又变得像刚刚开始学习围棋时一样，两手空空了。

在一次采访中，我就“白衣从军”的感想，说了如下的一句话：

“相比过去的我，现在的我更强。问题是周围的人们进步得更快、更多。”

人们都以为这是句玩笑话，然而这的确是我内心最坦率的想法。

“无冕之王”这个称呼在意思艰涩的同时让人羞愧。而我自己的身体也在不知不觉间有了那种接近不惑之年的感觉。最近围棋比赛中计算的能力大不如从前，输掉棋局的次数也渐渐增多，这些都使得我不由得开始思考：“该怎样面对变老这个问题呢？”

突然间，头脑中开始响起朋友的一句话：我们的一生有许多的门，但是这些门绝对不会同时打开，也绝不会同时关闭。如果有一扇门对你关闭了，那么相应的，肯定有另一扇门向你敞开。

或许是被人生内外的诸多变化所困扰，“不得贪胜”这个四字棋谚开始重新在脑海中浮现。

尤其是最近几年，我想要休息的渴望越来越强烈。但是真正当手中一个冠军头衔都没有的事实摆在面前时，那难以想象的失落感便向我袭来。这个时候支撑着我，让我找到内心平衡的无意识中的意识便是“不得贪胜”。

以前我一直不以为然，因为绵绵不断的欲望实在是太多太多。比如想看我下围棋的人在需要我的时候，我却产生“我现在想要休息，放过我吧”的这种想法也是种利己的执念。

就在前不久，赞助商农心公司在第十三届农心杯中点名让我做外卡选手。在这个比赛中，我独一无二地连续出战达13次之多。这是件应该内心十分高兴并且充满感激的事情。

但是坦率地说，像这样的外卡选手点名，我是想拒绝的。考虑到我现在的处境，这真的是很难为情的事情。不管曾经对比赛的贡献有多大，就算外卡选手不是按积分顺序进行指定的，但是我已经好几年在选拔赛中就被淘汰，并不是以前那个全国公认第一的棋手了，再次接受做外卡选手，对我来说负担特别重。紧接着农心杯举办的三星火灾杯中，我也被指定为外卡选手，这同样地让我感到尴尬。

但是我的这些想法都是些把自己内心的舒适放在首位的轻率之举，是违背了《围棋十诀》中“慎勿轻速”的愚蠢想法。即使对某些人心中会怀着歉意或者别扭的情绪，但是我有我自己这个角色必须履行的义务。为了使一起出战的后辈们不受非议，为了让选择了我的赞助公司不失所望，我必须为了自己被赋予的这个角色，让大家看到我最真心的努力。

《围棋十诀》中关于“舍弃”的四字棋谚有三个之多。弃子争先、舍小取大、逢危须弃，反复强调了“舍弃”的重要性。“舍”和“得”是人生中不断反复的真理，但是大多数人双眼只盯着后者。

不管是什么样的碗，只有倒空才有可能再次填满，这是连小孩子都知道的道理。许多人失败并不是因为不懂得这个道理，而是因为被欲望蒙蔽了双眼，明明知道却总是回避。

按照《围棋十诀》的观点，我现在白衣从军的情况正是转祸为福的机遇。如同放下了沉重的包袱一样，虽然它是那样的不可分离，但是回到原点的我有了从新开始的机会，这种“归零”更激发了我强烈的胜负欲望。胜负本身很重要，但是我更渴望能够充分享受胜负，享受围棋。

没有永恒的成功。如果达到了极致，那么情况就会变化。不要试图对抗这种变化，要准确地掌握前进与后退的时机，遇到自己无法驾驭的情形，不要试图逆势而动。但这并不是简简单单地躲避或败下阵来，我一定会向前更进一步，向上更高一层。

学习高手们的成长之路

在围棋世界中有句老话叫“40岁的名人才是真正的名人。”

那么，我40岁的时候最想成为谁呢？我心中有极为想要学习的榜样，那就是我的老师曹薰铉九段，还有赵治勋九段。

我尊敬老师并不单纯因为他是我的老师，也不单单因为他是"最强的胜负师"。我的老师在难以忍受的困难面前从不消沉或者畏缩，而是寻找最佳的道路，始终不改初心，直到最后取得了比梦想更大的成功。我尊敬老师，因为他不屈的意志和对围棋的汩汩热情。

老师一直想要成为现代围棋中心舞台——日本界内最强的棋手。这个梦想也并不是好高骛远。当代青年棋手最为尊敬的感觉派巨匠，已故的藤泽秀行九段，在对老师评价时曾竖起大拇指说："曹薰铉的棋才世界第一。"

顺利通过日本棋院入段这一关的老师并没有让藤泽秀行先生失望。如同藤泽秀行先生的壮语称赞的那样，他以别人不可企及的速度向着远大的理想展开翅膀。比起之后两分日本围棋天下的小林光一九段，曹薰铉九段还要领先一步。

但是万万没有想到的是，服兵役的义务在这个时候抓住了老师腾飞的脚腕。围棋导师岛木健作九段为了老师能够有资格继续滞留日本，绞尽脑汁，用尽了办法，但是现实是残酷的。而在同时期渡船到日本，并在木谷实道场中入门的赵治勋九段却很幸运。他在服兵役年龄到来的时候得到了兵役特惠的支持，得以继续在日本活动。相比之下，老师当时真的是怀才不遇，时运不济。

而老师所遭受的磨难并不只有兵役对事业的冲击。刚回到祖国，他就面临着家道中落的困境，无奈之下，他作为一家之长支撑起了整个家庭的重担。一般情况下，人们到了这个地步往往会感到受挫，陷入彷徨，但是老师却不同。他以自己特有的明快性格在短时间内解决了所有的问题。无疑，他那天才的"快速行棋"在日常生活中也继续适用。

在围棋主要舞台获得认可的老师迅速在韩国围棋界掀起了一阵旋风。服兵役一结束，他便开始了头衔争夺战，并且在十年之内包揽了国内所有的头衔，一跃成为韩国围棋第一人。

老师归国在他个人而言有可能是不幸的，但对韩国围棋界来说却是相当大的喜事。当时的韩国围棋和日本相比差距非常大，如同学校里优等班和差等班的划分一样明显。老师跟韩国的名人头衔持有者徐奉洙九段对局时，采用的方式是让先[①]，由此差距可见一斑。在主要围棋舞台日本打拼多年的老师，他的回国对韩国围棋的成长来说无疑是助长增膘的营养剂。

1989年老师取得了应氏杯的冠军，把处在世界边缘的韩国一把拉到了日本、中国之上，实现了韩国人多年的夙愿。老师获得头衔的次数达到158次，并取得过三次全冠王，这是谁都不可与之相比较的、不灭的金字塔般的记录。

但是这些创记录伟业的达成并不是老师得到后辈尊敬的全部理由。老师面对变化时的灵活柔韧，一旦下定决心就一定付诸实践的执行力，这些都是人们望尘莫及的。拥有着24年烟龄，每

---

① 让先：运用于双方棋艺水平有一定差距的棋手之间的对局，高手不经过猜先而直接让低手执黑先行。一般在非正式比赛或民间对局时采用。

天抽烟三五盒，并且抽烟量已达3万盒以上的老师，下定决心说要戒烟就一把掐灭了烟头，并且通过登山来加强身体锻炼，为向世界冠军之位挺进做足准备。老师那决断的瞬间，我真是难以忘怀。

靠着执著的信念，将事业的过渡期转变为创造伟业的通道，这正是老师能成为“永远的国手”的原因。

2011年，通过围棋所能够取得荣光老师全部都取得了，但他依旧充满着青春活力。他一路过关斩将走到了农心辛拉面杯的决赛，不断激励年轻的职业棋手奋发图强，同时又为了寻找围棋赞助商的支援和地方上围棋的普及活动东奔西走。在围棋的舞台上，老师活跃的范围越来越大了。

年轻时代的老师长得有些像中国香港电影中的功夫明星。笔直的剑眉，瘦削的下巴，给人一种充满魅力的富有强烈特质形象的感觉。不过在我看来，还是老师现在的样子更好一些。

如同急斜坡一样的下巴现在因为长了许多肉而变得滚圆，自然变白的头发像起伏的波浪一样，如同是故意染色修饰过一样，充满了儒雅气质。

中年时期的我也会像老师这么帅气吗？如果可以的话那就太好了。

另外，谈到老师就不能遗漏另一个人——赵治勋九段。虽然方向各有不同，但是在韩国围棋界，二位的影响力是不相上下的。

老师在日本留学中途归国，包揽韩国所有棋战冠军，并在应氏杯中获胜，把韩国围棋提升到与日本、中国同等的地位。在这些方面，老师做出了绝对的贡献。而赵治勋九段则在活跃在当时围棋的中心舞台日本，并席卷了日本最高位的头衔，激荡着韩国民众的心，并在日本引起了一阵旋风。

虽然赵治勋九段也拥有老师那种执著的信念和热情，但他是一位和老师非常不同的人物。如果了解老师在韩国取得的业绩和相关的佚事，你会自然而然地联想到"铁血"这个词语，而赵九段在日本取得的业绩和行事风格则让我们感受到那戏剧般的"热血"。

不久前一份有趣的海外报道走入了我的视野。报道中记录了大三冠挑战舞台相关的事项。

在日本，大三冠具有特殊的意义。在七大正式棋战当中，大三冠优胜奖金的金额是排名4 ~ 7位棋战无法比较的。另外，一直固守不变的持续两天的传统仪式，也使得大三冠具有其他棋战所没有的气势。

在日本，哪位棋手出战大三冠的次数最多，事实上就意味着他是日本实力最强的棋手，而当时的那位就是赵治勋九段。

赵治勋九段在大三冠的舞台上总共出现过38次，并取得了29胜9败的惊人记录。排名第一位的棋圣战出战11次，8胜3败；排名第二位的名人战出战12次，9胜3败；排名第三位的本因坊战出战14次，12胜2败。这种胜率让人难以置信。

赵九段上面的记录有多厉害，你只要看看后面排名第二、第三位棋手的出战记录就会马上明白了。排名第二的林海峰九段出战30次，排名第三位的小林光一九段出战25次。

赵治勋九段到现在为止获得的冠军头衔次数共71次，创造了日本围棋史上头衔最多的记录，并且其中有29次是大三冠头衔。赵九段戏剧性的胜负史在“三连败后四连胜”的大逆转中达到了高潮。

在日本围棋史上，一共有6次“三连败后四连胜”的记录，其中有4次是和赵治勋九段相关的。其中3次，赵九段是获胜者，1次是作为败者。现在讲记录简单整理如下。

1. 1973年《读卖新闻》主办的第十二届名人战

林海峰九段4 ∶ 3石田芳夫七段

石田芳夫七段，外号“计算机”。他在对战一开始就发挥了相当的实力，三场连败林海峰九段。之后，林海峰九段接到了老师吴清源九段赠送的“平常心”墨宝，仿佛吃了定心丸，一举翻盘，四连胜，创造了日本围棋史上第一个“三连败后四连胜”记录。

2. 1983年《读卖新闻》举办的第七届棋圣战

赵治勋九段4 ∶ 3藤泽秀行九段

当时挑战赛开始之前，赵治勋九段已经取得了名人、本因坊的头衔，气势正盛，如日中天。而藤泽秀行九段则是勉强克服艰险来捍卫守护了6年的日本排名第一的棋圣头衔，如同日薄西山。

头衔保卫战并未如人们所预期的那样胶着，在前三局，藤泽秀行九段连续获胜，所有的人们觉得赵治勋九段可能会以四连败收场。但是，好戏才刚刚开始。之后的赵治勋九段如同换了个人一样。“三连败后四连胜”的反转剧式胜利更是记录了一场前所未闻的“综合大三冠”。

3. 1983年《每日新闻》主办的第三十八届本因坊战

林海峰九段4 ：3赵治勋九段

同年夏天，林海峰九段在历时10年之后，重新再现“三连败后四连胜”的风采。重新回归到排名第三位的本因坊榜首。而被战胜的对象，恰巧就是通过“三连败后四连胜”取得棋圣称号的赵治勋九段。

4. 1984年《朝日新闻》举办的第九届名人战

赵治勋九段4 ：3大竹英雄九段

已经连续四次获得名人头衔的赵治勋九段又一次创造了“三连败后四连胜”的记录。三年内都是名人战挑战者的同门大师兄大竹英雄九段再一次铩羽而归。赵治勋九段在两年的时间内上演了三次反转剧，被冠以“大逆转的男子汉”的别称。

5. 1992年《每日新闻》举办的第四十七届本因坊战

赵治勋九段4 ：3小林光一九段

这是日本围棋史上华丽的一页——“三年争战”的最后一场比赛。连续三年获胜的赵治勋九段面对连续三年的挑战者小林光一九段再次将其挫败，创造了又一次的“三连败后四连胜”的记录。值得瞩目的是，赵治勋九段在之前的第四十五届、第四十六届本因坊战中也是分别在1胜3败、0胜2败之后取得了三连胜、四连胜的逆转，成功卫冕。向我们展示了他自始至终不屈不挠的意志。

6. 2008年《每日新闻》举办的第六十三届本因坊战

羽根直树九段4 ： 3高尾绅路九段

在因同龄棋手对决而备受瞩目的“火的庆典”（处暑中举办的本因坊战）中，挑战者羽根直树九段对阵本因坊头衔保有者高尾绅路九段，通过“三连败后四连胜”取得了第一个本因坊头衔。这是16年后产生的一次大逆转戏剧。

日本最早采用现代围棋形式的棋战是诞生于1941年的本因坊战。在70年间登场仅六次的“三连败后四连胜”几乎是以12年为周期的难得一见的稀贵黄金剧。而赵九段一共参与了四次这种传奇的创造，所以“地球上最具戏剧色彩的胜负师”这个别称真是非他莫属。

赵九段用一种与老师完全不同的方式来歌唱对青春和围棋之爱。在没有对局的日子，或者不需要出现在有关场所的时候，他就会在韩国棋院围棋网站对局室以“幽玄老马”的网名出现。

虽然连接的ID有所不同，但是看他的棋路你就会立刻知道这人肯定是赵治勋九段。如果是一个职业级的强者，他不会管对手是谁，一旦开始对局就燃烧起来。这种激烈的盘上故事，如果不是沿着围棋独径一路走来的胜负师是写不出来的。

赵九段总是能够创造那种刺激人心脏的紧张精彩对局，但这并不是我尊敬他的唯一理由。在我入段的那年，也就是1986年，我这个年龄段的棋童们心中的英雄赵治勋九段发生了一场不幸的事故，这次事故让我留下了关于赵九段的平生都难忘记的强烈记忆。

1月6日晚，在棋圣保卫战的开始之前的第十天，赵九段遭遇了一场致命的车祸。夜间开车从家前面的巷子出来的时候，赵九段与一辆摩托车产生了轻微的碰撞，但是祸事在他推开车门下车的时候才刚刚开始。真正的事故在下一秒一眨眼的时间里发生了。

为了去扶那位被蹭倒在地的摩托车主，赵九段走到路上，他还没有来得及看看自己的身后就腾空弹起，失去了意识。路过的一辆货车一下子把赵九段撞飞了。

当赵治勋再次睁开眼睛时，发现自己躺在北品川的病床上。全部治愈需要12周。7日凌晨0点被送到医院，8日早上9点转移到手术室。9日早上0点30分，这场持续15个小时30分钟的大手术才完成。

医生说能够救回一条命已经是奇迹了。主治医生劝说赵九段放弃围棋，但是赵九段认为唯独头部和右臂、双眼没有受伤，这是神的启示，所以一直到最后都坚持要参加棋圣保卫战。

对局日为1月16日，没有延期。“交通事故不属于自然灾害，不能够延期”这是日本棋院的通报。

在发生车祸之前，赵治勋九段是人尽皆知的万能运动员。网球和游泳是基本强项，另外，他还是日本棋院棒球队的顶尖选手。但是他那天生的好体质却变成了连骨关节都粉碎的满身疮痍之躯，但是赵九段仍然用“哪怕就最后下一次棋圣战”的强大的意志支撑住了。

1月15日早上羽田机场上出现了一辆救护车。滑道上早已等待着《读卖新闻特刊》的记者，赵治勋九段躺在床上被抬上了飞机。大哥赵相廉五段、妻子京子女士、医疗队、对局工作人员、记者队伍都按照顺序依次登机，飞机向着富士山飞去。

两天后，对局室里滑行进来一辆轮椅，这对局室并没有按照传统方式铺着榻榻米而是将棋盘放到了桌子上，特别设置过。赵治勋九段穿着一身容易穿脱的和服坐在轮椅上，左臂被石膏包得严严实实。

虽然腿上盖着厚厚的毯子，但我们也知道他的双腿也打着石膏。右腿的胫骨骨折向外凸出，左腿膝盖韧带断裂，只能靠石膏固定。左手手腕断裂，也是用石膏固定着。

有报道说他：“除了下围棋时必须用到的头部和右臂之外，身体的其他部位都被重创毁掉了。”这个描述其实一点也没有夸张。赵治勋九段的脸虽然非常的苍白憔悴，但是表情丝毫都没有黯然神伤之色。在他前面的椅子上，挑战者小林光一带着满脸肃然的表情坐着。

猜先之后，赵治勋九段执黑。

赵治勋九段从轮椅上伸出右手以类似于大厦将倾的姿势下了第一手，这个时候四周的照相机闪光灯开始不停作响。这真是一场前无古人的轮椅上的对决。这场比赛的结果您或许早已知道，赵九段2胜4败，丢掉了棋圣的头衔，一下子从围棋第一人的位置坠落到了无冠的底部。

但这场庄严对决的真正胜者无疑是赵治勋九段。如果是由善于制造英雄的电影、小说或者漫画来演绎的话，一定会选择让满身创伤的赵治勋九段守住棋圣的头衔，卫冕成功成为最后的赢家。但2胜4败的这个结局，相比之下更符合现实，更有人情味。

这场比赛给人们留下了深刻的印象，在人们头脑中刻印下了赵治勋九段那戏剧式英雄人物的形象。而这之后，从赵九段的大哥赵相廉那里听到了有关这段往事的回忆，则让我感受到了更多的人性人情。

“出车祸的时候，报纸也好，广播也罢，都报道治勋曾说：‘即使晕倒在棋盘前，我也一定要战斗。’其实这和治勋的原话是有出入的。那只不过是舆论的包装罢了。恢复意识后，治勋内心充满了不安‘我以后真的不能下围棋了吗？’‘难道真的就这样结束了我的围棋人生吗？’之所以带着一身的伤痕和痛苦也执意要参加棋圣战，是因为他心里的这种焦急和忧虑，哪怕是提前一个钟头解决心中的疑惑对他来说也是最大的幸福。”

赵治勋九段不顾人们含着泪的阻止，强行参加棋圣战的迫切意志，原来并不是源自于“英雄的斗魂”，而是由于急于确认迷茫未来的这种人之常情。

5岁到日本学棋，并且自打那之后人生便只有围棋的这样一个人，如果在某一天被突然告知无法继续下围棋了，这将是怎样的打击啊！在那样焦虑无助的状态下，所谓斗魂之类的东西根本是无暇顾及的。赵治勋九段只是用他能做的最人性的方法来确认在不安中摇摆的自己的存在。

赵九段的这个故事，生动而又深刻地向我展示了一个事实，那就是迫切感也会成为一个人在面临胜负时的强大力量。每当我陷入消沉或者困在恶劣处境当中的时候，就会想起赵九段那场轮椅上的对局。如果带着那全部治愈需要12周的重伤也要坐在围棋盘前的坚强意志，那么还有什么事情是做不到的吗？

每时每刻谦逊地降低自己，

用温暖肯定的眼光观察整个世界。

这种心境正是把潜在的人性价值向着顶峰提升。

谦逊和自尊并不是相对立的概念，

拥有不屈刚直的自尊心的人才能够做到谦逊。

以平和的心态面对困境

时不时一阵钻心的偏头痛，这种现象越来越严重了。每次倒在床上闭上双眼，我都会发誓说：一定不要再犯同样的错误了，要谦虚，降低自己的态度，承认对方的实力。猛地像全身通过电流一样，类似风声的耳鸣开始了，然后我就丧失了意识。

冷酷无情的胜负世界可以给你带来幸福的电流，也可以给你火辣刺痛的苦楚。我已经得“上气症”好几年了，一旦全身心投入到某件事情当中，一股热流就会冲向头顶。如同“上气症”这三个字的字面意思，“气”向上涌。这个时候脸会变得通红，同时头部就像被人拿着棍棒猛敲一样地疼。严重的话便会失去意识。而在“无论如何都不能输”的大比赛中，整个身体如同吸满了水的棉花一样，又沉又乏，整个人处于失神状态。

年轻的时候体力好，考虑的事情也少，所以日常生活中上气症不会给我带来很大的困扰。但是随着年龄的增长，对局次数增多，身体状态越来越差，头痛就一天天加重了。向别人问起头痛的治疗方法的时候，他们总会说：

“不是有职业病这个说法嘛。”

虽然并不想宣扬，但很多人都知道了我的这种情况，并且越来越多的人开始对我表示关心和照顾。但是不管是西医还是韩医，目前为止并没有找到具有确切疗效的治愈方法。当然我自己没有能够坚持按照处方治疗也占了很大因素。但是我真没有办法每天定时定量服用处方药，定期到医院接受治疗，哎，这是谁的错呢？

仔细想一想的话，在职场工作的人往往都会患上一些与职业相关的病痛。我不知道这些病痛是不是全都应该称为“职业病”，但是现代人似乎都是把“职业病”挂在嘴边生活的。

整天坐在电脑面前敲键盘的人久而久之视力会下降，手腕神经也会产生异常。长时间在工厂车间站立操作的工人，还有坐在狭小的空间里不停地踩油门和刹车的司机们，往往膝关节会不太好。各种职业下的数不清的从业者们都是这个样子。

而在规定时间内需要大量紧张脑力劳动的职业，排名第一的应该是职业棋手了。如果头痛是职业棋手的一种职业病，那么我的头痛也不过是最普通的了。

每逢对局就会找上门来的头痛虽然很令人痛苦，但是不能够因为它的不可治愈就受挫而悲观。需要承认不足或者困难的时候就尽管承认，但在思想上要朝着变化发展的角度去思考。只要想想人们所说的“哎，用脑这么频繁过度，头痛是理所当然的喽”，头痛真的会很神奇地缓解很多。

并且如果不是那种让人马上断气死亡的类型，疾病也不全是坏的。疾病会提醒人们适度休息，并且给人创造休息的时间和心理上的放松感。我想这就是病床上的患者比平时看起来更加温和的原因。

疾病还会教给人谦逊。人们躺在病床上的时候，自己什么都做不了，必须接受他人的看护，这个时候是理解谦逊的最佳时期。没有人能够独步天下。不管自己有多么聪明能干，也不可能独自一人完成所有的事情。这个世界本来是共生的世界。

不断地降低自己的姿态，用温和的眼光来看待这个世界，只有这样才能够将潜在的人性价值发挥到顶端，才能够发挥出最大的力量。这是我从众多的围棋前辈那里学习得到的结论。

后辈新星的挑战充满着热情和霸气，洋溢着激情和能量。但是仍不可以丢掉，不可使之退色的是对前辈和同辈的尊敬。

已经成为老一辈的我似乎也开始将唠叨挂在嘴边了。但是有一句话是我确信不疑的，那就是谦逊和自尊绝不是对立的概念，只有那些有着不屈刚直的自尊心的人才能够做到谦逊。

我以自己的职业病为代价收获了很多。比如那虽不能享受一世但仍辉煌一时的“世界最强”的荣誉和一辈子用不完的财富，以及棋迷们对我毫不吝啬的爱，还有那在整个世界眼中只有我一人的人生伴侣。所以，现在头不再疼了。我的职业病如同是一段让人非常恼火却又抛不开的姻缘。我想，如果能够学会关照自身的疾病，或者说是学会谦虚地和疾病共处，世界上就没有克服不了的病痛了。

想起多刺鱼

首次带我进入围棋世界的是已经去世的爷爷，在之后的漫长岁月中，一直给我物质和精神上支持的是我的父亲。

每次想到父亲，就会想到“多刺鱼”[1]这个单词。父亲如同是从体力衰竭的祖父手中接过了某种宿命般的火炬。不知道从何时起，父亲成为了我身边看不见的影子一般的存在。入段失败的时候，在重要比赛中失利的时候，感到无比受挫的时候，无论何时父亲总会给我温暖的安慰和爱护。

在全州的家中和我们一起铺开被子玩摔跤的父亲，牵着我和英镐的手一起进出电子游戏厅的朋友般的父亲，如果没有父亲多情细腻的安慰和鼓励，我想我一定不敢在职业棋手这条艰难的路上行走。

在我刚刚入段的时候，每逢有对局，父亲便会像个影子一般出现，所以贯铁洞（韩国棋院搬到弘益洞之前的所在地）的围棋界人士曾经把父亲称作“世界上最幸福的男人”。

看起来是这样的，父亲是在全州小有名气的殷实富翁“李氏表店”的主人，没有必要担心家里的经济情况，对围棋也有一定的了解（当时是三级，但实际上比起三级棋艺较弱），观战儿子的对弈从不感到厌烦。并且如果等得不耐烦的话，可以到附近洗个桑拿然后再回来接孩子回家。不论怎么看，父亲的日常生活都是那么的悠闲自得，难怪大家羡慕。

但是我清楚地知道，父亲的角色绝对不是像表面上那样只有幸福。父亲的性格多情敏感，对性格内向的他来说，人员进出频繁的场所是非常令他困扰的。

---

① 公的多刺鱼会在鱼卵孵化的期间独自守候，等到小多刺鱼们纷纷长大离开后，它就会一头撞到岩石上死掉。象征着为了孩子牺牲自己一切的父爱。

并且经常有人会上前问候说“您是李昌镐的父亲啊”，但是父亲却并不知道对方是谁。是职业棋手吗？是记着吗？茫然不知的父亲只得一边笑着一边打招呼，十分尴尬。这并不是简简单单就可以适应的。

“非常开心地看儿子比赛”这句话也是不符合事实的。当时并没有网络转播，而电视围棋频道之类的东西也还不存在。有锦标赛的时候，对局室里玄玄乎乎争战不下。棋手们只能通过记录器记录的棋谱在棋手室里进行研究。而父亲只是安静地待在一个小角落里，通过观察棋手们的表情来推测对局进行的情况，这种观赏怎么会有趣？

所以与其说是有趣，不如说是焦心。带着这种心情却又不能离开，只能继续关注到最后，这才是父亲观战的真实写照。小的时候，我认为这些事情是理所应当的。因为他们是我的爷爷和父亲，所以他们那么做是应该的。

我直到父亲因为脑出血倒下了，才看到父亲生活中这最真实的一面。再怎么后悔都已经晚了。每当看到躺在病床上的父亲，我的心都一阵凄凉。虽然父亲终于能够活动了，算是不幸中的万幸，但是父亲瘦削的脸庞总让我一阵阵心酸。

韩国人非常吝啬于表达自己的感情。我也是这样。如果能够对父亲说出一句真心话，哪怕只有一句，那该多好啊。但我可能会面临这样的结局：从不表达，心里觉得他是知道的，但到最后只剩下后悔。

所以为了不留下更大的遗憾，我想借此机会，哪怕只是在这里，表达出我的心声。爸爸，谢谢你。爸爸，我爱你！希望你能够更加健康起来，希望你能永远守护在我身边。

我的母亲是比谁都要坚强的母亲。在父亲晕倒的时候母亲非常劳累，但是她首先做的仍然是安慰我们三兄弟。对我们家来说，父亲的病是整个家庭的忧患，但也正因为父亲的病，分散在全州和首尔的家人终于又在首尔重新团聚生活在一起，这算得上一件幸事。

本应该高兴的结婚典礼上我不自觉地流下了眼泪，我想正是因为看到父亲消瘦的脸盘一时百感交集的缘故吧。因为这样或者那样的原因没能够邀请同僚、前后辈棋手和亲近的朋友们，我感到很抱歉，但是得以避免让大家看到那时我的样子，我感到万幸。

一辈子一起吃饭的女子

虽然说起来还有些不好意思，但还是想在这里和大家分享一下我和我永远的人生伴侣——我妻子的故事。

我总觉得我们初次见面的地方是韩国棋院。对，肯定是韩国棋院。我的妻子在2008年春天，作为明知大学四年级毕业生进入了围棋网站CYBERORO做记者，因此会经常出入韩国棋院，而我如果没有海外远征和地方的围棋邀请赛，大部分时间都会在韩国棋院里对弈度日。所以我想，很早之前，我们就在韩国棋院里初次见面了。

而我们把彼此都看做是异性的初次见面则是在2008年的9月。当时三星火灾杯开幕仪式在大田三星火灾流星研修院举行，我们正是在这个地点相遇。

当时我和金荣三八段在研修院宾馆的前面东一句西一句地聊天，然后荣三哥看见了正从旁经过的她，就叫着她的别名说：

“冒失鬼，去哪？”

直到那个时候我还并不知道她也是围棋研修生出身，也不知道她是CYBERORO的记者。这个女孩像一只蝴蝶一样，轻盈地走到我们面前。虽然说不上是一见钟情，但是她的那种明亮新鲜的感觉让我眼前一亮。

对她的第一印象是明朗少女。荣三哥在她小的时候曾经指导过她的围棋，所以算得上是师徒关系。可能正是因为这个原因，两个人只不过才说了几句话，就很亲切自然了。这个女孩和比我大一岁的荣三哥两人，如同是小妹妹和大哥哥一样地谈话，却毕恭毕敬地称呼我为“国手先生”，真的像对待一位严厉的老师一样。

我是一个相当不苟言笑、令人难堪的人，而她却不在乎这一点先向我搭话，由此看来她真是个平易近人好性格的人。而我，不论对方是男是女，从来都不会先向人家走近一步。

我们接受了她的提议，到研修院里的健身中心一起运动，然后那种初次见面的尴尬立刻就消失不见了。而等到开幕式结束后，我们一起搭荣三哥的车回首尔，这个时候我们便像是老熟人一样，一点拘束也没有，亲近了许多。

莫非所谓的姻缘就是这样。这是我第一次和某个人如此迅速地亲近。由于我本来性格消极，所以两人的关系没有什么大的进展，可是我能感觉得到我们之间在一步一步地亲近着。

10月3日，她来跟踪报道太白山天祭坛对局，由于体力不好，所以落在了众人的后面，和我一起慢慢地登着太白山。那样慢慢地同行真是非常愉快，她的一个简单表情都会让我内心愉悦而平静。

之后我们见面的次数开始增多了。可能就是从那个时候开始的吧，她对我的称呼由毕恭毕敬的“李国手先生”开始变成了亲昵的“哥哥”了。并不是第一次听到别人叫我“哥哥”，但却是第一次感觉到心情很微妙。仿佛从头到脚都有一阵电流通过。

我因为上气症和偏头痛所以已经基本上戒酒了，而她也不喜欢喝酒，所以我们约会的场所主要是饭店和电影院。

我是那种不懂得怎么逗女孩子开心的无趣男人，而她不论是和我一起看电影、话剧，还是一起吃饭散步，只要是和我在一起都会很开心。虽然我一次都没有表达出来，但是内心深处非常感谢她的体谅。

如果说我们之间的约会有什么特别之处的话，那就是和她一起看电影是受限制的。她只要是一看到残忍的画面就会呼吸困难心跳过速，这种特殊的体质决定了我们不能看任何带有血腥死亡场面的电影，比如战争片、恐怖片、冒险片、动作片等都是绝对禁止观看的。

曾经有一次，她们公司组织职员集体看电影，她又不好意思说自己不能看那类的电影就跟了进去。等到电影开始的时候，她自己偷偷地溜出了影院，茫然地坐在门口直至电影结束。

可以算作是我们恋情初期的那年的11月，让我们两个非常难对付的事件发生了。这个也是某种程度上我们早已预料到的事情。

当时我到釜山参加农心辛拉面杯第二轮的比赛。在农心酒店里，我遇到了《倾向新闻》的严民龙[1]记者，他对我说："如果有时间的话，我们一起随便吃点生鱼片吧。"于是我们两个和孙钟洙委员（农心辛拉面杯的观战笔者）乘坐出租车来到了太宗台。酒店附近就有很多的生鱼片店，并且釜山有名的海鲜市场也不远，为什么非要到太宗台呢，晚上黑漆漆的什么景色都观赏不到呢。我突然感觉到一点不对劲。

不管怎样，我们还是到了那毫无景色可赏的太宗台海边，并走进了位于山坡顶上的生鱼片店。我们点了鲷鱼、比目鱼和岩鱼掺在一起的大杂烩，还要了鲍鱼。正在喝鲍鱼粥的时候，严记者如同突然袭击一样问了一句：

"李国手，那个可以让我报道吧？"

啊，原来是因为这个！其实我和她正在交往的事实记者们大体上都已经了解到了，但是碍于默认的Embargo原则（根据记者之间的协议，在一定时间内不进行报道的原则）一直没有报道。

严记者平日里待我非常宽厚温和，并且他是那种只要和围棋

---

① 译者注：人名为译音。

相关的新闻不管是刀山火海都要在纸面上进行一番演绎。真是很难开口拒绝他。

所以最后我只能闪烁其词道："如果能够不写的话最好了……嗯，您看着办吧。"结果第二天后不仅是《倾向新闻》，几乎所有的报纸都有一篇题为《李昌镐在热恋中》的报道。新闻社的情报源早已确认，内容早已确定，随着严记者决心要写的瞬间，禁止报道的问题就自然而然解决了。

我猜想有可能她也会收到采访的邀请，所以就打电话告诉她："我也有些慌张，但是一切都会好的，不要担心了。"我们的"月老"荣三哥这时候发来短信问："到底怎么回事？"

我一脸苦笑，回复了一条简短的信息。

"真是很难为情呢。"

我们成为被舆论所承认的情侣后，她好像也受到了很大的精神压力。我毕竟是个男人，而且只要一沉浸在围棋学习或者比赛中，头脑就被这一样东西塞满了，世界上其他的声音对我来说全都不存在，但是她却不同。

虽然有很多祝福和长辈的赞许，但是并不仅仅有这样好听的话。由于采访的原因，她需要经常跑很多地方，但是每当这个时候就会听到很多"背后话"。2010年2月，她感到太辛苦了终于辞掉了CYBERORO的工作。跳出围棋界的樊笼，她重新回到了从前，又变成了那个带着阳光般笑容的蹦蹦跳跳的明朗少女了。

她修习剑道，并且达到了三级，是个非常英气坚强的女子，但是有的时候又像个傻瓜一样。按说，头脑不差，不应该是傻瓜啊。小学三年级到六年级她还住在江陵的时候就开始学习围棋，之后进入韩国棋院的研修生一组，可以算得上是脑筋灵活。但是在没能成为职业棋手之前就自动放弃了，可能是她已经认识到自身无法狠下心来做这件事情吧。不仅仅是“不能狠下心”的这种程度，她应该算是“一触即溃”的这种类型。

还在职场工作的时候，一次她开车出去办事，结果有人从后面追尾，撞到了她的车上。因为是一次轻微的交通事故，并且没有人受伤。一般情况下，比较善良的车主会让肇事者留下联系方式以防有什么后遗症，然后痛快地让对方离开。

但是她竟然更进一步向肇事者问道：“没有受伤吧？对不起。”这样道歉起来。根本没有留对方的联系方式，反而恭恭敬敬送对方离开。如果事情就这样结束也就罢了，可是那之后她因为脖子疼还进了医院，真是个大问题啊。

傻瓜旁边又多了一个傻瓜。但是，正是这样一个女子使我经常面带微笑。

2010年10月15日，我在向亲近的人咨询之后，召开了宣布结婚的正式记者会。父亲的健康状况欠佳，再加上我是那种极度抗拒站在众人面前的人，并且如何来区分客人更是令人头疼，所以我希望简单举办一个只有两方亲戚参加的婚礼。她听到我的这个想法后说：“召开记者见面会的话，可以借机会求得大家的谅解。”真是给了我一个绝佳的解决方案。

记者们一直都把我的婚礼称作“围棋界的大喜事”并热烈期盼着婚礼的到来，听到我的这个决定后他们都很失望，但他们还是很快地表示理解我的心情和选择。真是感激不尽。围棋界人士中我仅邀请了我的老师和师母参加婚礼。因为他二位对我来说就如同父母一样，并没有违背一开始说只邀请亲人的约定。

28日下午6时30分，我们的结婚仪式在两家父母和亲戚的注目下开始了。因为没有招待客人，所以就谢绝了朋友们的花环和礼金。后来有亲近的朋友向我抱怨说“你剥夺了我们向天下第一李昌镐送结婚礼金的乐趣”，真是令人愉快的调侃。

实际上，我们的结婚仪式连主婚人都没有。结婚誓言朗读、交换礼物、轻轻地亲吻、来宾朗读成婚誓言，婚礼就按照这个顺序进行着，在向父母行礼的时候，我不自觉地流出了眼泪。我的这个样子没有暴露在围棋界朋友们的面前，真是万幸啊。

她曾经向我说：“新婚旅行的话我想用两到三天的时间去济州岛，我们一起爬汉拿山。”虽然我从来都没有感觉到彼此之间11岁的年龄差异，但是当同龄新娘们都做着去世界各地游览梦并缠着老公给实现的时候，她却要求去济州岛。真是个傻瓜一样的家伙。

围棋界还是有多位向我那简略的结婚仪式投来贺信的人，我真是非常感激。其中一位是曾一度被称作我的天敌，但是每当我们在日本还是别的海外对局中相遇时，总对我和蔼可亲的依田纪基九段。他在贺信中说道：“赶紧生出个李昌镐二世，让父母们高兴高兴。”中国的帅哥棋手孔杰九段祝贺说：“比我年长9岁的李昌镐九段是我从儿时起的偶像。真心地祝愿李昌镐、李度仑二位新婚幸福，白头偕老。”

我们夫妇二人来到以温泉疗养著名的日本石川县金泽市的小松，进行了为期三天四夜的新婚旅行。旅行结束后我们在江南区逸院洞的一间公寓布置了自己的小窝。这个地方正是已经作古的“韩国现代围棋之父”赵南哲先生生前住过的地方。

我们不久前在家中招待了记者团。因为结婚仪式上没有邀请他们觉得很抱歉，所以这次改作用温居宴请来代替。温居宴我们邀请了同事、前后辈棋手和朋友、两家的亲戚，一共办了七次。

我们的家三室一厅，最大的特征就是简洁。墙上别说是格子装饰了，就连个挂钟都没有。

我们准备的是简单的自助餐，可能都已经饿了吧，大家拿着盘子转了一圈，很快就盛满了自己要吃的东西。一边吃着饭，一边拷问，哦，不，应该是提问。

“经常为李国手做饭吗？”

这个问题看似很尖锐，如果家务做得不好的新媳妇可能会不知如何回答，但是对我妻子来说，这个问题太简单了。妻子虽然年纪轻，但是对于料理，她简直老练到让人不可思议。

大酱汤、泡菜汤这种简单的自不必说，猪排、清曲酱汤、生太酱汤也样样做得美味可口。说起来以前似乎听她说过自己在结婚前曾经去学院学过两个多月的料理。看来她在料理方面真是很有天分。

连煮饭她都是结婚之后才第一次开始做。虽然米饭都是由电饭锅自动煮好的，但是听说有很多新结婚的媳妇们都煮不好。有一次我听到一位刚结婚的前辈这样向我抱怨说：

“不是，这是怎么回事，我老婆天天喂我吃咖喱饭？你看我的脸是不是都成黄色的了？”

我的脸无论何时似乎都不可能变成黄色的。

结婚最大的好处就是我从此不再孤单。拥有一个时刻守护在身边的人，这种幸福感是用语言无法表达的。我们一起做的事情有很多。“我们的兴趣怎么变得相似了？”有时候我们都会被自己吓到。都说夫妇会随着相处时间的增加而变得越来越相像，但是我们现在就这个样子真的是有点吓到自己。

平常除了在有对局的前一天我会到书房里研读棋谱外，我们会一起看电视，一起读书，一起散步。谈论的范围也很广泛，像日本大地震、希望巴士、平昌冬季奥林匹克等都是我们的话题。

我们的饮食习惯也没有太大的差别。两个人都对肉类不太感冒。我总体上比较喜欢韩国饮食，尤其喜欢蔬菜类，妻子很喜欢海鲜寿司和炒年糕。最近我们经常带着母亲一起去寿司店品尝。

虽然年龄上的差距比较大，但是对围棋有很深了解的妻子和我的对话总能够以心传心，十分安心有趣。她能够理解围棋棋手的生活习惯，对我的那种在棋盘面前绝对自我的时间也表示宽容和理解。

身边有的人在过去的时候表示担心说：“李昌镐没有结婚，所以找不到内心的安定。”而现在他们又开始担心，说：“李昌镐现在只专心于新婚生活，不能集中于围棋了。”

而我自己倒是怀疑一点：是否结婚真的和围棋有关系吗？胜负是取决于棋手棋艺高低和心态平和与否的东西。胜利或者失败，那责任只能算到我一人头上。

说这样的话或许有些厚脸皮，也或许会招致非难，但是我觉得我的妻子就是为我而生的。结婚之后有一段时间我的成绩不好，她似乎心里很痛苦，我感到很抱歉，但是因为口才不好，平常也没有温暖的话语来安慰她。

伴侣这个词语的来源于“一起吃面包的人”。这里不是面包了，在日常生活当中一起吃饭，想要永远一起吃饭的人，我的伴侣，我的妻子。

我认为自己是个没有过多欲望的人，而我唯一的欲望就是想永远有妻子一直陪在身边。

最近对我来说又一个重要的幸福的喜事出现了。我们全家人都在企盼着，等待着我的消息，而就在几天前，那个“结婚后第一个大希望”被确认实现了。

妻子怀孕了！我简直像要飞到天上去。我仿佛第一次确切地感受到自己是个成年人了，而我的心情，如同拥有了整个世界一样地喜悦。

“操心”这个词按照汉字本身的意思来解释的话

就是“操作控制内心”。

如果把畏惧解释为对危机的认识的话，

操心性则是那种认识之后一种戒备状态的心境。

表面上看似乎是意思差不多，

但是畏惧和操心性的意思却相去甚远。

读书悟道，学无止境

我在很小的时候就开始专攻围棋，所以没有能够进大学读书。平常的时候和年长者在一起的时间很多，所以不知道从什么时候开始，和同龄人相处反而变成了一件困难的事情。思考方式和谈话的主题都相去甚远，渐渐地我感到与同龄人交流困难起来。所以有一天，我这样问弟弟英镐：

“现在的大学生是怎样学习知识的呢？我也应该学习一下了……”

“这个嘛……有比看书和看报纸更好的方法吗？”

和弟弟的这番对话之后，我开始改变只看棋谱的生活，开始把书和报纸放在身边。我自己特别喜欢历史和哲学方面的书，但是我读书的时候从中国古典小说到爱情小说，不分类别照单全收。吸取各个领域的知识对于扩大思考的范围有很大帮助。

当然读书这件事情也是有得有失。由于不再把所有的时间都用来思考围棋，所以投入到围棋上的单纯的时间就变少了。但是读书却成为了我生活当中的围棋，围棋之外的人生，最终反应在棋路上，我找到了新的发展的契机。

但是，我的读书习惯真是效率低下。年初的时候我通常会定下一年看一百本书的目标，可是一本又一本地看下来，我的速度真是慢得很。如果有句子或者单词不理解，我就绝不会跳到下一行。有时候我读个两三行就需要5 ~ 10分钟的时间。同一个句子，同一页文章，我会读了一遍又一遍，真是无可奈何的“蜗牛”读书法。

又或者书没有挑选好，读到中间觉得味同嚼蜡，我也不放弃，会一直读完。虽然这是件苦差事，但是一旦开始了，我只有给它画上个句号心里才会踏实。周围的人有时会笑我“读什么书啊，跟要嚼碎咽下去一样”。甚至有人打比方说：“李昌镐读书如同是食草动物，会反刍的。”似乎是我的性格决定了自己很难达到一目十行的快读多读的程度。

最近读的书中有一本给我留下了很深的印象，那就是由Root Berntein夫妇所著的《思想的产生》。一个熟人向我推荐了这本书，厚厚的足足有450页之多，要读完还不知道需要多少时间，这让我感到很是负担。

最终我还是读到了最后一页，花了整整一个月的时间。但是越读到后来我越能感受到读书的喜悦，这真的非常神奇，对此我有些稍稍满足的感觉。

这本书通过列举分析达·芬奇、牛顿、爱因斯坦、毕加索、歌德、巴赫等在各个领域引领世界的天才们的思维方式，并将天才思维方式细分为13个阶段（观察、形象化、抽象化、模式认知、模式形成、类比、实践、感情移入、层次思考、模型制作、理论、变形、综合）。作者在书中提出了自己的主张：创造性思维方式并不是少数天才专有的，在经过体系化的学习之后，任何人都可以实现创造性思考。

我通过阅读这本书，感到天才的创造性思维和围棋中预测局势走向是相通的。其他的领域我不甚了解，但在围棋界，但凡是接受过专业围棋培训的人，都很熟悉这种通过系统的学习而掌握创造性思维的方法。虽然成为职业棋手并不能称为天才。

职业围棋棋手们比起对“是什么”的探讨，更加注重“怎么办”的方法追求。在贯穿一盘弈始终的职业棋手的“拆招”中，我们随处可见这本书中介绍思维方法，比如模式认识、模式形成、类比推理、综合归纳等。棋盘上呈现的多种多样的思维方式都是棋手们创造性思维的结果。这和书中所说的创造性思考的顿悟、知识的综合并无两样。

“在既有模式之间发现新的模式，需要解开对现有模式的外部结构、内在逻辑等方面现存的疑问，在找到想要的答案之前不停地去倾听、去感受。”“在模式形成的过程中，重点不在于组成印象的各要素是否复杂，而在于其组合是否巧妙。”“要想创造出更多的模式，就需要我们不断补充自身的知识以扩大我们思考的范围。”这些话充分说明了现代围棋手法是从古代围棋手法一路发展而来的过程。

另外，由“类似，就是不相像的事物之间可能的相像”这句话，我们可以了解到新手的出现和其变形在本质上是定式的改良形态。

在历史的长河中，引领文化艺术发展的天才们向我们展示的那些思维方法，其实和我们在日常生活中无意识运用的那些思考工具并没有太大的差别。所以从某种意义上来说，这本书最大的美德就在于，它把人们在漫长岁月中无意识使用的那些思维工具做了体系化的整理，并赋予了它们名称。换句话说，这部著作把散落在茫然无意思世界中的思维工具引入到了具有清晰意识的世界中。

虽然在这里不能够一一列举，但是每读完一个部分后都会反过来回味天才们留给我们的可寸铁杀人的至理名言，这件事情本身也是此书带给我的乐趣之一。

“你看是看不到的。所以不要用眼睛去看，用心去看吧。这样你会通过事物的表层，看到它们令人惊讶的本质。”

◑ 毕加索

“我所做的事情能够对核物理学有多大贡献并不重要，重要的是这件事本身有多有意思。”

◑ 理查德 · 费曼

读完一本好书之后，我在一瞬间里所享受到的精神上的愉悦是巨大的。书让我在长时间里不断反复咀嚼回味，不断思考。这正是读书的魅力。对我来说，读书如同是在围棋中得到双倍贴子的意外之财。

在接触围棋之前，我一直是一个十分平凡，甚至在某些方面有些迟钝的孩子。但是那时的我却有一样东西引起周围人的注意，让他们觉得我比较特别。你一定也知道“魔方”这种益智玩具，而在当时魔方正是风靡一时。这种把打乱的六面体按照颜色重新排列的游戏是有一定公式的，如果知道公式的话，成年人大概用四五分钟就能够拼好。但是如果不知道公式的话，大部分人就只能一直拼下去永远完成不了。而我在第一次接触魔方的时候用了大约两分钟的时间就完成了，这让周围的人都大吃一惊。

玩魔方的时候，必须在拼第一面时就考虑下一面来调整一整圈方块的位置。并且在一面已经完成转而拼下一面的时候一定不能打破已经做好的部分。魔方这个游戏，必须按照正确的 Algorithm（程序）[①]采取合理步骤。

仔细想一下的话，围棋也是需要检验每一步棋并且要事先看到后面的几步，已经解决的那部分不能够再次推翻。从这点上看，围棋与魔方是有着很大共同点的。构成围棋棋艺最重要也是最具综合性的能力是“解读招数”的能力，而这种能力则是以分析能力、判断能力、推理能力等为基础的。正是靠这些能力把所有可能的招数变化在头脑中演示出来。

在围棋中有数不胜数的变化。完全没有预料到的招数会不时地出现，某一次的运算可能就会导致整个盘上局势的逆转。所以下围棋的人不能够仅仅考虑眼前的这一步，他需要想得更远才行。处于全盛期的职业棋手往往考虑的不是之后的三四步，而是百步之上。

另外，和魔方相类似的是，二者最高明的玩法都是把所有可能暴露的弱点都事先弥补掩盖。如果双方势均力敌，那么就必须尽最大可能来掩护自己虚弱的部位；如果连势力均衡都没有达到，甚至远远落后于对方的话，那么就要逆向思维，以对方的弱点为中心来安排战略。

① 在有限的阶段里解决问题的步骤或方法。

如果急于从眼前的困境当中摆脱出来，而对自己虚弱之处没有及时加固，只是大体掩盖一下或者干脆抛到脑后的话，它必定会在之后变成威胁自己的更大的打击。围棋盘上所有的棋子都是彼此相关联的。可以这样说，棋盘上单独存在的东西毫无疑义。所以，如果为了解决眼前的问题，就采取闭着眼睛不管三七二十一的弥补对策，一开始也许会解决问题，但到后来往往会发现这就是那影响全局的败着。这也正是我一直强调棋盘上需要有“操心性”的原因。

我所下的围棋中有很多是以半目胜结局的，这种结局正是源于我那发挥到极致的“操心性”。

内弟子时期，我只要察觉对局中有百分之一的可能会被对方逆转，那么我就会放弃可以大比分赢下对方的棋路，转而耐心等待。一次老师问我说：“为什么不走那一步？”我如是回答：“按我的走法，下一百盘保证赢一百盘，而且都是以半目取胜。”

“操心”这个词按照汉字本身的意思来解释的话就是“操作控制内心”。如果把畏惧解释为对危机的认识的话，操心性则是那种认识之后的一种戒备状态的心境。表面上看似乎是意思差不多，但是畏惧和操心性的意思却相去甚远。

英国的大文豪莎士比亚留给我们这样一句话：“勇气中很大一部分是谨慎小心。”克服恐惧的勇气正是来源于小心谨慎，也就是我所说的“操心性”。如果没有“操心性”就不可能成为一流的胜负师。

同时在棋盘外“操心性”也非常重要。比如一个人必须要注意自己的言谈。因为不假思索的话语有的时候会成为射向他人的利箭，而这箭最终还是会转头射向自己。人们总是想表达自己，但是如果在毫无准备的情况下随便乱说话，那么小则失去机会，大则失去信誉。这也是我为什么一而再再而三地犹豫不决担忧用书的形式写出自己的故事是否妥当的原因。

诚意待人，诚意待物

如果您看过电影《卧虎藏龙》的话，那么一定记得影片最开始时的一句台词。

“他的字是不是很像他的剑法？”

一个偶然的机会我看到了世界最强的女棋手芮乃伟九段的书法。果然，那飘逸着墨香的书法如同是她盘上风采的投影。在扇子上的泼墨挥毫如同饱含着感情的梦，同时在那柔和又轻盈的笔触中有隐然藏着直击对方要害的剑锋。

职业棋手们大都喜欢在棋盘上或者扇面上题写自己喜爱的字并落款。被称作“李昌镐天敌”的依田纪基九段也是如此。看到他在自己喜爱的扇子上的墨宝，我似乎能够窥见他精神世界的一角。上面写着“一期一会”，意思是指那仅有一次，去了就不会再来的机会。

成为冠军头衔持有者之后，我也开始需要在各种各样的仪式上签名题字了。作为收到邀请的职业棋手，只能按照惯例一一来过。但是我从很小的时候便开始专攻围棋，对于书法是一窍不通，另外也根本不知道该写些什么内容。

万分苦恼的我终于在绞尽脑汁未果之后，决定向棋战事业组的河薰熙部长求救。夏部长曾经留学于中国台湾并在对日外语高校中任教多年，所以他是围棋界中有名的“中国通”。并且由于专业是中国文学，所以平常的时候他都会以书法来休闲娱乐。更为难得的是这样一位高雅的书法家待人十分亲切，我想他一定能够帮到我。

果然，正如我期待的那样，夏部长听说了我的事情之后就把他所收藏的古典名文字帖一一地放到我面前。意思是让我自己来挑选。好的文句真的有很多，其中有一个深深地吸引了我的眼球，我再也看不进其他的了，那就是“诚意”二字。

要写的字已经选定了，剩下的任务就是不断练习了。很长一段时间里我哼哧哼哧非常努力认真地做了大量练习。但是写出来的字还是很丑，一点都没有变化。看来我在围棋外的领域真是毫无天分可言。这种酒糟般的灵性，便是我写毛笔字的天分了。

有的时候看着自己写的那些毛笔字，觉得那字呆呆的样子，像极了围棋内外生活中的我的形象。但是我自己心里觉得虽然傻傻的却也还好，可以接受。因为向大家展示自我的时候，如果展现出的样子恰巧就是我最真实的一面，那就意味着这种表达真正传递了我的内心。书法也是饱含着“精诚的意义”的。幸运的是，很多人在看了我那显得愚钝的书法后，都对我说“李昌镐式毛笔字”。听到这种评价，我心里很感激又觉得很幸福。

现在回想起来，在夏部长给我展示诸多文句的那天，我唯独对“诚意”二字情有独钟，究其原因，我想是因为爷爷对诚意的追求已经在潜移默化中烙到了我的心上。在我小的时候，爷爷用自行车载着我，如同朝圣一般按时拜访社区附近的棋院，爷爷他就是诚意的化身。如果想要有所得，那么就一定要付出更多，并且不论对谁都要真情实意。付出所有的诚心，不改自己诚意地生活。爷爷的这种生活追求，不知不觉中经由他的心，传递到了我这里。

第一人的位置虽然可以暂时逗留，但是不可能永远守住。但是爷爷那种心心相传的诚意却不会因为时间而老化，它永远会刻在我的心上。

即便是现在，我追求围棋境界的事业还有很多路要走。

中国宋朝学者张拟著述的《棋经》一书中，按照围棋的棋艺和品格高低将围棋分成九个阶段，每个阶段的境界都各不相同，内容如下。

围棋九品

九品守拙：方式笨拙愚蠢，但是懂得这种守卫的方法。

八品若愚：笨拙但是懂得下围棋的方法。

七品斗力：拥有可以争战的力量，围棋下得有力。

六品小巧：懂得用小的技巧。

五品用智：下围棋时略表现出智慧。

四品通幽：下围棋时仿佛已经进入深奥的围棋世界。

三品具体：博采众长，了解围棋的远近。

二品坐照：坐着能够洞察整个围棋世界。

一品入神：下围棋到达神的境界。

虽然我已经正式取得了九段的品级，但是按照上面这种围棋九品的划分，我最多也就算五品的水平。

前几天我在接受一个电话采访时被问到了这样一个问题：

“您认为围棋是什么？”

当时我是这样回答的：

“我认为围棋就是不断向远方前进。”

现在我仍然是这么认为的。

我的围棋之路现在还没有走完。我也不确定这条路到底有没有人能够真正走完。

围棋，就是向着“神来之棋”，对无止境的“完成”的追求。

在这条由我自己选择的路上，我一刻不停地走来了，并且在我自己决定画上句号之前，我将会不停息地持续这段旅程。

|结束语|

还没有结束的胜负

忘掉昨日曾经取得的胜利，将所有精力集中到眼前新的胜负对决当中，这似乎是职业棋手的宿命。站在深深刻着卧薪尝胆、切磋琢磨石碑的原点，一一回想昔日的荣光，这件事情对我来说真是尴尬为难的事情。

此外还有很多质疑的声音："下围棋的人下围棋就是了，出书干什么啊？"说的也是。但是出版社从几年前就不断发来邀请，并且不断说服我"这是为了扩大围棋的群众基础"，这样一来，拒绝就变得非常困难了。

了解我的人都知道，我是天生的木讷口拙，文笔极差。断断续续地写几个潦草的句子，用零碎的语言把散落在地上的记忆勉强拾起来。而把这些如同破衣烂衫的记忆一片一片地加以整理修饰，使之能够入读者法眼的，则是那位比我更了解李昌镐的CYBERORO孙忠秀常务。在这里我表示衷心的感谢。看到他对全盛时期的我所进行的进行细致入微的研究和描写，开始的时候我不由自主地感到难为情而手足无措，可是一想到那是对我深深的喜爱和期待，就不觉得有什么可尴尬的了。

另外，我要感谢《中央日报》专门委员朴治文，在所有的记者和作家中，他是写关于我的文章和著作最多的一位。每一篇文章当中都充满着溢美之词，有的时候听到人们谈论书中内容，我都会不由自主地脸红。朴委员的爱护和赞美，我真是感激不尽。另外还有《朝鲜日报》的记者李弘烈，《倾向新闻》的记者严民龙等，在这里我不能够一一列举，还希望各位报纸和围棋专门杂志的记者们，以及围棋网站的记者们能够谅解，并且希望你们能够感受到我真挚的感激之情。

正是上面所说的各位的支持还有前后辈与同僚棋手、围棋杂志、赞助公司以及广大棋迷们对我的爱护和赞美，我才能成为大家期待中的那个李昌镐。真是非常感谢大家。另外在百忙之中抽出时间关注我的这段人生记录的读者朋友们，在这里我深深地鞠躬致谢。

最后我想向在围棋教室门口左顾右盼的无数的孩子叮嘱几句，虽然语言苍白无力，但我真是不吐不快："对未来世界一脸畏惧和疑惑的你，和三十年前的我一模一样。但你们要相信，任何的天才都敌不过踏实勤奋的努力者。"

古希腊哲学家赫拉克利特的名言："人不能两次踏入同一条河流。"意思是时间是不可以逆转的，任何事情都是变化发展的。我自己通过这么多年明显地改变了许多，而且今后也会继续改变。如果前面有座山挡住了我去路，那么我会另外找到一条出路，或者干脆开辟出一条新路。

俗话说得好“如果现在战斗，可能会输。但是如果不战斗，那么已经是输了。”我现在还没有放弃棋盘上的胜负追逐，并且，为了那在短暂的胜负之上的目标，我还在时刻鞭策着自己。

我绝不承认自己已经到达极限。在追逐胜负的路上，我的脚步永不停息。

李昌镐

|附录|

李昌镐个人头衔和主要记录

1975年出生于全罗北道全州。李在龙和蔡秀僖次子。

1981年在祖父李花春的带领下入门围棋。

1983年HAITAI杯儿童围棋比赛十六强（最年轻棋手鼓励奖）。

1984年同龄人棋王战优胜；与曹薰铉下过授三子指导棋战后，被收为内弟子。

1986年以史上入段第二年少的年龄入段（11岁）。

1989年KBS棋王战优胜（韩国国内头衔获得者中年龄最小）。

1990年最高位战、新王战、国手战优胜。

1991年大王战、最高位战、王位战、MBC帝王战、BACCHUS杯、名人战优胜。

1992年东洋证券杯（世界头衔获得者中年龄最小）、大王战、最高位战、BC信用卡杯、MBC帝王战、名人战、BACCHUS杯、KBS棋王战优胜。

1993年东洋证券杯、棋圣战、大王战、SBS连胜围棋赛、BC信用卡杯、MBC帝王战、BACCHUS杯，名人战、国手战、国棋战、投递王战优胜。

1994年棋圣战、霸王战、SBS连胜围棋赛、最高位战、棋王战、BC信用卡杯、名人战、国手战、国棋战优胜。

1995年亚洲电视快棋赛、KBS棋王战、投递王战、大王战、棋圣战、霸王战、SBS连胜围棋赛、最高位战、BC信用卡杯、棋王战、名人战、国手战、国棋战优胜；参加职业1号公益勤务。

1996年东洋证券杯、富士通杯、亚洲电视快棋赛、投递王战、大王战、最高位战、王位战、名人战、天元战、国棋战、国手战、世界围棋最强战（EVENT大赛）优胜。

1997年LG杯、三星火灾杯、大王战、棋圣战、最高位战、BC信用卡杯、王位战、TECHRON杯、天元战、国手战优胜。

1998年东洋证券杯、富士通杯、投递王战、大王战、棋圣战、最高位战、王位战、名人战、TECHRON杯、天元战优胜；公益勤务召集解除。

1999年LG杯、三星火灾杯、KBS棋王战、最高位战、王位战、名人战、天元战优胜。

2000年三星火灾杯、棋圣战、王位战、名人战优胜。

2001年应氏杯、LG杯、LG精油杯、棋圣战、霸王战、王位战、KBS棋王战、名人战优胜。

2002年亚洲电视快棋赛、棋圣战、国手战、霸王战、王位战、名人战、KBS棋王战优胜。

2003年丰田杯、春兰杯、LG精油杯、国手战、棋圣战、王位战、名人战优胜。

2004年LG杯、王位战、LG精油杯、KBS棋王战、泰达杯（EVENT大赛）优胜。

2005年春兰杯、ELECTROLAND杯、王位战、KBS棋王战优胜。

2006年圆益杯十段赛、国手战、ELECTROLAND杯、王位战优胜。

2007年王位战、KBS棋王战、中环杯优胜。

2008年十段赛、ELECTROLAND杯优胜。

2009年KBS棋王战、HIGH RESORT名人杯优胜。

2010年KBS棋王战、国手战优胜。